JN079915

あなうめ式
Python
プログラミング
超入門

大津 真、田中賢一郎、馬場貴之［共著］

エムディエヌコーポレーション

©2020 Makoto Otsu , Kenichiro Tanaka, Takayuki Baba. All rights reserved.

・本書に掲載した会社名、プログラム名、システム名などは一般に各社の商標または登録商標です。
　本文中では™、®は明記していません。

・本書のすべての内容は、著作権法上の保護を受けています。著者、出版社の許諾を得ずに、無断
　で複写、複製することは禁じられています。

・本書は2020年3月現在の情報を元に執筆されています。以降のソフトウェアの仕様の変更等により、
　記載された内容がご購読時の状況と異なる場合があります

・著者、株式会社エムディエヌコーポレーションは、本書に掲載した内容によって生じたいかなる
　損害に一切の責任を負いかねます。あらかじめご了承ください。

数あるプログラミング言語の中で、近年最も注目を集めている言語といえば、なんといってもPython（パイソン）でしょう。プログラミング言語の人気度の目安となるPYPL（PopularitY of Programming Language）のサイト（http://pypl.github.io/PYPL.html）でも、2018年5月以降一位をキープしていることから、その人気のほどがうかがえます。

日本においても、学校などでプログラミング教育用の言語として採用するところが増えています。また、情報処理推進機構（IPA）は2020年春より基本情報技術者試験の選択可能なプログラミング言語にPythonを加えました。

Pythonはシンプルで学びやすい言語です。といってもプログラミング初心者のための学習用言語というだけではありません。機械学習やIoTデバイスの制御、Webアプリなどさまざまな分野で活躍している実用的な言語でもあります。

本書はプログラミングが初めてという方を対象にした、Python言語の入門書です。プログラミング言語の仕組みから始まり、演算子や変数の使い方、条件分岐や繰り返しといった制御構造、オブジェクトやリスト、関数など、基本的な機能を段階的にわかりやすく解説しています。個々の説明のあとにはあなうめ式の問題を用意しているので、これを解くことで理解がより深まるはずです。

最後の章では、まとめとして、じゃんけんゲームのプログラムを作成しています。実際のプログラミングの基本的な流れがつかめるようにステップ・バイ・ステップで説明していますので、ぜひ実際にエディタで入力しながら試してみてください。

本書によって読者のみなさまがプログラミングの楽しさを感じ、さまざまなオリジナルのプログラムを生み出していかれることを願っています。

2020年4月　大津 真

Contents

Chapter **3**   変数と計算

Chapter **7** | リスト・タプル・辞書でデータをまとめる

本書の使い方

本書はPythonの初心者のために、Pythonとプログラミングの基礎を解説している入門書です。本書の解説では、項目ごとに「考えてみよう」という"あなうめ問題"を設けています。このあなうめ問題を解きながら、本書の解説内容をきちんと自分で改めて考えてみることで、Pythonの基礎やポイントがしっかりと身につくように構成されています。

本書の紙面

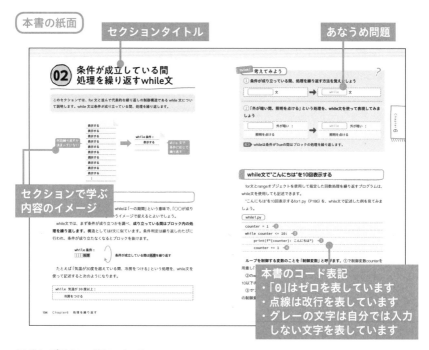

■サンプルコードについて

本書に掲載されているサンプルコードは下記のURLよりダウンロードできます。

https://books.MdN.co.jp/down/3219203018/

・ダウンロードしたファイルはZIP形式で保存されています
・Windows、Macそれぞれの解凍ソフトを使って圧縮ファイルを解凍してください
・サンプルファイルには「はじめにお読みください.html」ファイルが同梱されていますので、ご使用の前に必ずお読みください。

本書は2020年3月現在の情報を元に執筆されています。以降のソフトウェアの仕様の変更等により、記載された内容がご購読時の状況と異なる場合があります。

Pythonプログラミング
を始めるために

ようこそPythonプログラミングの世界へ！

ここでは、Pythonプログラムを始めるための予備知識

について解説します。まず、プログラム言語としての

Pythonの概要を見てみましょう。そのあと、Python

のインストールについて説明します。

01 Python言語の概要を知ろう

現在は星の数ほどのプログラミング言語が存在し、動作方法や機能も千差万別です。まずは、プログラム言語とはなんなのか、そして Python の特徴を紹介しましょう。

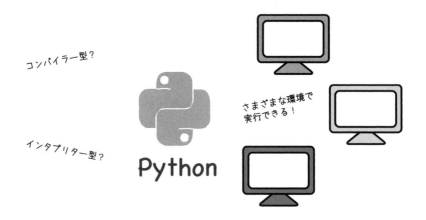

プログラム言語とはなんだろう

本書で解説するPythonは、さまざまな分野で使用されるプログラミング言語です。もちろん「言語」といっても、日本語や英語といった人間どうしで使う言語とは違い、コンピューターと人間が直接会話できるわけではありません。**コンピューターに対する命令をファイルに羅列したもの**といったイメージで捉えるとよいでしょう。

コンピュータープログラムのイメージ

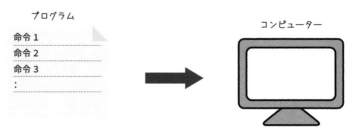

● コンピューターが理解できるのはマシン語だけ ●

　プログラミング言語には、「**マシン語（機械語）**」と「**高水準言語（高級言語）**」という分類方法があります。コンピューターが直接理解できるのは、1と0だけで構成される**マシン語のみ**です。

　最初期のコンピューターは、このマシン語を直接入力しないと動作させることができませんでした。しかし、1と0の並びのマシン語を人間がそのまま理解することは困難です。そこで、人間にとってわかりやすいテキスト形式でプログラムを記述する方法が考え出されました。そのようなプログラミング言語が**高水準言語**です。一般的なプログラミング言語は、PythonもJavaもCも、この高水準言語に分類されます。高水準言語をマシン語に変換することで、コンピューターが理解できるようになるのです。

> コンピューターが理解できるのはマシン語だけ

マシン語のプログラム

```
0111100001000010011100110111110110
0101001011111011101111101100101001
0111101000010011100110001011110010
10〜
```

コンピューター

直接実行できる

高水準言語のプログラム

```
def dollar_to_yen(dollar, rate):
    return dollar * rate
rate1 = 110.0
dollar1 = 2.0
yen = dollar_to_yen(dollar1, rate1)
print(f"{dollar1} ドル -> {yen} 円 ")
dollar2 = 4.0
yen = dollar_to_yen(dollar2, rate1)
print(f"{dollar2} ドル -> {yen} 円 ")
〜
```

コンピューター

直接実行できない

　高水準言語で記述したプログラムを「**ソースプログラム**」、それを保存したファイルを「**プログラムファイル**」または「**ソースファイル**」とよびます。またマシン語に変換して保存したファイルを「**オブジェクトファイル**」や「**バイナリファイル**」と呼びます。

① コンピューターが理解できる言語のことを覚えましょう

コンピューターが理解できるのは、 [   ] だけ

⬇

コンピューターが理解できるのは、 [マシン語] だけ

解説 ▶ マシン語のことは「機械語」とも呼びます。

② 高水準言語で記述されたテキストファイルはなんでしょう

[   ] ファイル ➡ [プログラム] ファイル

解説 ▶ 「ソースファイル」とも呼びます。記述したプログラムのことを「ソースコード」と呼ぶこともあります。

● コンパイラー型言語とインタプリター型言語 ●

先述したとおり、**高水準言語で記述されたプログラムは何らかの方法でマシン語に変換する必要があります。** その方式には「コンパイラー方式」と「インタプリター方式」があります。

コンパイラー方式は、「コンパイラー」と呼ばれるソフトウェアを使用して、**プログラムを実行する前にプログラムファイルをマシン語のオブジェクトファイルに変換しておく**方式です。

[コンパイラー方式]

高水準言語のプログラムファイル　　　　　　　　　　　　　　マシン語のオブジェクトファイル

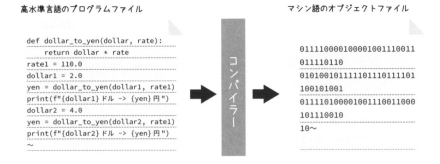

```
def dollar_to_yen(dollar, rate):
    return dollar * rate
rate1 = 110.0
dollar1 = 2.0
yen = dollar_to_yen(dollar1, rate1)
print(f"{dollar1} ドル -> {yen} 円")
dollar2 = 4.0
yen = dollar_to_yen(dollar2, rate1)
print(f"{dollar2} ドル -> {yen} 円")
~
```

コンパイラー

```
0111100001000010001110011
011110110
0101001011111011101111101
100101001
0111101000010011100110000
101110010
10～
```

一方の**インタプリター方式**では、実行前にプログラムファイルをマシン語のオブジェクトファイルに変換する必要がありません。**プログラムの実行時に先頭から順に変換していきます。**このプログラムファイルをマシン語に逐次変換しながらコンピューターに渡していくプログラムのことを「**インタプリター**」と呼びます。

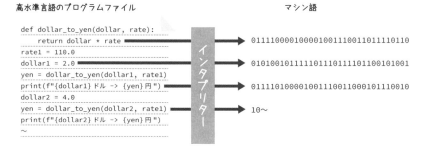

インタプリター方式

高水準言語のプログラムファイル　　　　　　　　　　　　マシン語

```
def dollar_to_yen(dollar, rate):
    return dollar * rate
rate1 = 110.0
dollar1 = 2.0
yen = dollar_to_yen(dollar1, rate1)
print(f"{dollar1} ドル -> {yen} 円")
dollar2 = 4.0
yen = dollar_to_yen(dollar2, rate1)
print(f"{dollar2} ドル -> {yen} 円")
～
```

インタプリター

0111100001000010011100110111110110

0101001011111011101111011001011001

0111101000010011100110001011110010

10～

● コンパイラー方式とインタプリター方式の違い ●

コンパイラー方式の一番のメリットは、**実行スピードの速さ**です。OfficeやWebブラウザなど、多くのデスクトップアプリケーションはコンパイラー方式で作成されています。

ただし、マシン語は動作するCPUによって命令が異なります。またOSの機能を直接利用しているため、たとえばWindows用のプログラムを、そのままMacにコピーしても動作しません、また、プログラムを変更した場合は、再度コンパイルしてオブジェクトファイルを作成し直すという手間が必要です。

一方のインタプリター方式は実行時にプログラムを逐次変換していくため、通常はコンパイラー方式に比べて実行速度が遅くなります。しかし、**プログラムを変更しても再コンパイルが必要ない**ため、プログラムの修正が簡単です。また、基本的に**OSやCPUが変わっても同じように動作**します。**Pythonはこのインタプリター方式の言語**です。

コンパイラー方式とインタプリター方式

方　式	プログラミング言語の例	長　所	短　所
コンパイラー方式	C、C++、Swift	速度が速い	OSやCPUに依存する。修正したらコンパイルし直す必要がある
インタプリター方式	Python、JavaScript、PHP	変更が簡単	速度が遅い。実行にはインタプリターが必要

Think! 考えてみよう ?

① 実行前にマシン語に変換しておくプログラムの方式は何でしょう

[   ] 方式 ➡ [コンパイラー] 方式

② 実行時にプログラムを逐次マシン語に変換するプログラムの方式は何でしょう

[   ] 方式 ➡ [インタプリター] 方式

解説 実行前にマシン語に変換する必要がある方式が「コンパイラー方式」、不要な方式が「インタプリター方式」です。

Python言語は初心者にやさしいスクリプト言語

本書で解説するPythonは、初心者に扱いやすい**インタプリター方式の言語**なので、実行前にプログラムファイルをマシン語のオブジェクトファイルに変換しておく必要がありません。もちろん、オープンソースソフトとして無料で公開されているので、だれもが自由に使用できます。

読みやすくシンプルな記述が可能で、プログラミングが初めてという方の学習用にも最適です。たとえば、**画面に「こんにちは」と表示するだけのプログラム**をつくりたいとします。Androidなどのスマートフォンアプリやサーバー環境で使用される言語の代表にJavaがありますが、このプログラムをJavaで記述すると次のようになります。

(Javaのプログラム)

```java
public class Hello1 {
    public static void main(String[] args){
        System.out.println("こんにちはJava");
    }
}
```

単に「こんにちは」と表示するだけなのに5行のプログラムを書く必要があります。もちろん、そこには「プログラムのミスを防ぐために記述形式を厳格にしている」などの理由があるのですが、初心者にはとっつきにくいでしょう。

これをPython言語で記述すると、**たった1行で記述**できます。

―――――――――
Python のプログラム
―――――――――

```
print("こんにちは")
```
表示する 「こんにちは」を

見るからにシンプルですね。「print」は日本語では「出力する」といった意味です。「print("こんにちは")」で、「こんにちはを表示する」という命令になります。

なお、Pythonのような手軽に使用できる、インタプリター方式のプログラム言語のことを「**スクリプト言語**」、そのプログラムのことを「**スクリプト**」と呼ぶことがあるので覚えておきましょう。

> 「スクリプト（script）」とは日本語では芝居などの台本のことを表します。台本のように、コンピューターへの指令を羅列したものといったイメージで捉えるとよいでしょう。

―――――――――
Think! 考えてみよう
―――――――――

① Pythonの特徴を覚えましょう

Pythonは ［　　　　　　　］ 方式のプログラム言語で、とてもシンプルに記述できます

Pythonは ［ インタプリター ］ 方式のプログラム言語で、とてもシンプルに記述できます

解説 Pythonはスクリプト言語とも呼ばれます。1行だけでもプログラムがそのまま動作するため、初心者にも書きやすい言語です。

モジュールによって機能を拡張できる

　Pythonは初心者にやさしいだけではなく、機械学習や科学技術計算、Webアプリケーションなどのさまざまな分野でのアプリケーションの作成にも活用されます。

　このとき、本格的なアプリケーション作成に不可欠なのが、**多彩な外部モジュールの存在**です。Pythonの基本機能は標準ライブラリーとしてあらかじめ備わっていますが、外部モジュールを追加することによって機能を拡張していけるのです。外部モジュールはPyPI（Python Package Index）というインターネット上のサイトで公開されています。

```
https://pypi.org
```

　PyPIには、2019年11月の時点で20万を超えるプロジェクトが登録され、だれでも自由にインストールできるようになっています。

PyPI

Pythonではインデントが重要

　Pythonのプログラムは**テキストファイル**に記述します。このとき、Python言語の記述の仕方の特徴として、「**インデント（字下げ）**」の使い方があります。ワープロなどでもインデントによって見栄えをよくするといったことが行われますが、Pythonのインデントには見た目だけではない重要な役割があります。

　プログラムにおける処理のまとまりを「ブロック」と呼びます。Pythonの場合、インデントによってブロックを表すのです。

Python のブロック

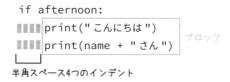

```
if afternoon:
    print(" こんにちは ")
    print(name + " さん ")
```

ブロック

半角スペース4つのインデント

　インデントには複数の半角スペースやタブが使用可能ですが、基本的に「**半角スペース4つで一段階のインデントを表す**」ことが推奨されています。

　このインデントを使ってブロックを表現する方法は、見た目的にも処理のまとまりがわかりやすいといったメリットがある半面、**インデントを正しく挿入しないとエラーになります**。たとえば、半角スペース4つのインデントと、タブによるインデントが混在しているとプログラムがエラーになるケースがあります。

Pythonのバージョンについて

　現在Pythonは、**バージョン2**と**バージョン3**という2種類のバージョンが広く使用されています。外部モジュールも含めて、両者に互換性はありません。現在バージョン3系への移行時期にあります。本書ではバージョン3系について解説します。

02 Pythonは オブジェクト指向言語

Pythonは「オブジェクト指向言語」です。この「オブジェクト指向」はたいへん難しく、プログラムを相当に書き慣れていないとメリットがピンとこないものです。

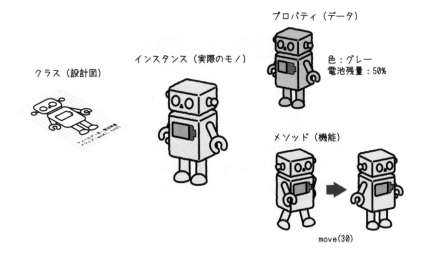

プロパティ（データ）

色：グレー
電池残量：50%

インスタンス（実際のモノ）

クラス（設計図）

メソッド（機能）

move(30)

オブジェクト指向言語の簡単なイメージ

Pythonは「オブジェクト指向言語」に分類されるプログラミング言語です。みなさんの中には「オブジェクト指向」という用語は耳にしたことがあるけれど、意味がよくわからないという方も多いかもしれません。実際、プログラミングが初めての方が、**いきなりオブジェクト指向の詳細を理解しようとすると途中で挫折しがちです。**そのため、本書ではその前段階のプログラミングの基礎を習得することを目標にします。

とはいえPythonの根底にある考え方なので、オブジェクト指向の概念をすこしだけ頭に入れておく必要があります。まずは読んでみて、**用語とその意味の簡単なイメージが頭の中で描けるようになればかまいません。**

●クラス（設計図）からインスタンス（モノ）をつくる●

オブジェクト指向の「オブジェクト」とは日本語では「モノ」のことですが、**データや機能を現実世界のモノのように考えてプログラムする**というのが基本的な考え方です。

イメージを描きやすいように、おもちゃのロボットを例に考えてみましょう。ロボットをつくるには設計図が必要です。Pythonではオブジェクトを作成する設計図を「**クラス**」といいます。また、設計図であるクラスをもとに生成された、実際に動作させるモノ（オブジェクト）を「**インスタンス**」と呼びます。「Robot」クラスの設計図から、「ロボ太」や「ロボ子」といった実際のロボット（インスタンス）を作成するといったイメージです。

(クラスからインスタンスを生成する)

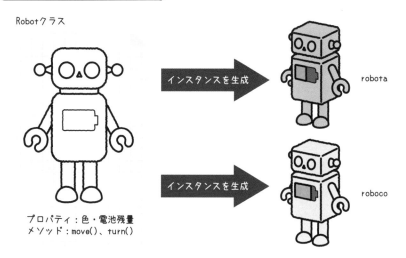

Robotクラス

インスタンスを生成 → robota

インスタンスを生成 → roboco

プロパティ：色・電池残量
メソッド：move()、turn()

オブジェクトに用意されているデータのことを「**プロパティ**」と呼びます。たとえばおもちゃのロボットなら、色や電池の残量がプロパティです。

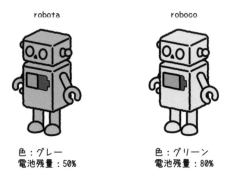

また、オブジェクトに用意された動作や機能のことを「**メソッド**」と呼びます。Robotクラスの例でいえば、move(〜)というメソッドを実行すると「()」内に記述した距離だけ前へ進む、turn(〜)というメソッドを実行すると「()」内に記述した角度だけ回転して向きを変える、といったイメージです。

ロボットのメソッド

Robotクラスの設計図にこれらのプロパティやメソッドがあらかじめ書き込まれているため、Robotクラスから生成したオブジェクトで**これらのプロパティやメソッドを実際に使えるようになる**わけです。

●オブジェクト指向はプログラムの使い回しが簡単●

では、なぜこのような仕組みをPythonは採用しているのでしょう？　オブジェクト指向言語のもっとも大きなメリットのひとつが、プログラムの再利用が簡単な点

です。一度作成したクラスに機能を追加したい場合、機能を引き継ぐことができるため、新たな機能を追加するだけでクラスを作成できます。この機能を「**継承**」と呼びます。たとえばRobotクラスを継承し、新たに空を飛ぶflyメソッドを追加したUltraRobotクラスを作成することができます。

クラスの機能を引き継ぐ「継承」

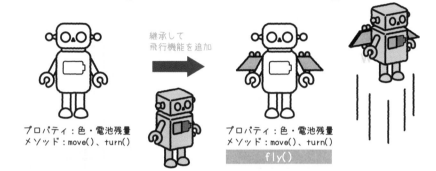

Robotクラス

UltraRobotクラス

継承して
飛行機能を追加

プロパティ：色・電池残量
メソッド：move()、turn()

プロパティ：色・電池残量
メソッド：move()、turn()
fly()

　本書では継承については詳しく触れませんが、オブジェクト指向という考え方の背後にはこのような再利用が想定されていることは理解しておきましょう。

　オブジェクト指向の簡単な説明は以上です。「**クラス**」、「**オブジェクト**」、「**インスタンス**」、「**メソッド**」、「**プロパティ**」といった用語はPythonプログラミングのなかで頻繁に出てきますので、大まかにイメージができるようにしておきましょう。

Think! 考えてみよう ?

① **Pythonの特徴は何でしょう**

Pythonは、[　　　　　　　]言語に分類されます

⬇

Pythonは、[オブジェクト指向]言語に分類されます

解説 ほかにJava、C++、Rubyなどがオブジェクト指向言語に分類され、現在のほとんどのプログラミング言語にはオブジェクト指向の考え方が取り入れられています。

② オブジェクト指向言語のキーワードを覚えましょう

オブジェクトを作成する設計図のようなものを「　　　　　　」といいます

クラスをもとに生成された実際のオブジェクトのことを「　　　　　　」と呼びます

オブジェクトに用意されたデータのことを「　　　　　　」と呼びます

オブジェクトに用意された動作や機能のことを「　　　　　　」と呼びます

⬇

オブジェクトを作成する設計図のようなものを「　クラス　」といいます

クラスをもとに生成された実際のオブジェクトのことを「　インスタンス　」と呼びます

オブジェクトに用意されたデータのことを「　プロパティ　」と呼びます

オブジェクトに用意された動作や機能のことを「　メソッド　」と呼びます

解説 クラスという設計図をもとに、実際のモノがつくられます。モノの特徴がプロパティ、ふるまいがメソッドといえます。現実の世界と同様に、モノどうしが相互に関わることでプログラムが動作します。Pythonではすべてのデータがモノ、つまりオブジェクトです。言い換えると「クラス」から生成されたオブジェクトを組み合わせてプログラムを作成していくわけです。

③ オブジェクト指向言語の特徴を覚えましょう

クラスを継承することで、プログラムの　　　　　　が簡単になります

⬇

クラスを継承することで、プログラムの　再利用　が簡単になります

解説 オブジェクト指向プログラミングは、ソースプログラムの再利用や部分的な機能追加などを行うときに威力を発揮します。

03 Pythonをインストールしよう

Python はオフィシャルサイトから無償でダウンロードできます。このセクションでは、
Python 3.x を Windows と Mac にインストールする方法について説明します。

パソコンに Python をインストール

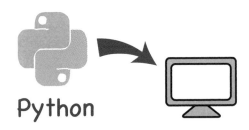

Python

Pythonをインストールする

　Pythonを使用できるようにするためには、Pythonをダウンロードして、パソコン
にインストールする必要があります。Pythonは下記の公式サイトからダウンロード
します。

```
https://www.python.org/
```

　ここではWindowsとMacのインストール方法を解説します。

● Windowsにインストールする ●

　まず、Windows 10にPython 3.xをインストールする方法について説明します。

①WebブラウザでPythonの公式サイトにアクセスし、「Downloads」にマウスカーソルを移動します。表示されるメニューから「Download for Windows」の下部の「Python 3.～」をクリックしてインストーラーをダウンロードします。

②ダウンロードしたインストーラーを起動します。「Add Python 3.x to PATH」をチェックし、「Install Now」をクリックします。ダウンロードしたバージョンによって数字は変わります。

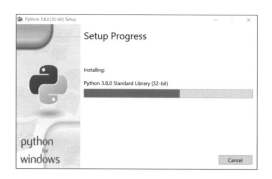

③コンピューターの変更を求めるダイアログボックスが表示されるので「はい」をクリックするとインストールが開始されます。

④図のようなダイアログボックスが表示されればインストールは完了です。

⑤インストールが完了すると、「スタート」メニューの「Python 3.x」にPython関連のソフトウェアが登録されます。

● Macにインストールする ●

Macには、Pythonは初期状態でインストールされています。ただし、インストールされているバージョンが古く、2.xです。本書で解説するPython 3.xを使用するときは、自分でインストールする必要があります。

①WebブラウザでPythonの公式サイトにアクセスし「Downloads」にマウスカーソルを移動します。表示されるメニューから「Download for Mac OS X」の下部の「Python 3.〜」をクリックしてインストーラーをダウンロードします。

②ダウンロードしたインストーラーを起動します。「続ける」ボタンをクリックして設定を行っていきます。設定はデフォルトのままでかまいません。

③次の画面で「インストール」ボタンをクリックするとインストールが開始されます。

④インストールが完了すると、「アプリケーション」→「Python 3.x」フォルダーにPython関連のソフトウェアが登録されます。

＊

　これで、ご利用のパソコンでPythonが利用できる準備ができました。Chapter2から実際にPythonのプログラミングを見ていきましょう。

Pythonプログラム
はじめの一歩

Pythonにはプログラムの開発を行うためのツールである
IDLEが付属しています。このChapterでは、まず、
IDLEのインタラクティブモードを使って対話形式で
Pythonのコマンドを実行する方法について解説します。
そのあとで、テキストファイルにプログラムを保存し
て実行する方法を見てみましょう。

Pythonプログラムを 対話形式で実行してみよう

さてここからがいよいよ本番です。まずは、IDLE のインタラクティブモードを使用して対話形式でコマンドを実行してみましょう。

対話モードで実行

```
>>> print("こんにちは")
こんにちは
>>>
```

IDLE

Pythonプログラムの2種類の実行方法

Pythonのプログラムの実行方法には大きく分けて次の2つがあります。

方法①：インタラクティブモード（対話モード）で実行する
Pythonインタプリターを起動し、コマンド（命令）を対話形式で実行していく方法です。

方法②：エディターでプログラムを記述して実行する
テキストエディターでプログラムファイルを作成し、それをPythonインタプリターで一気に実行する方法です。

方法①はプログラムファイルを作成せずに、プログラムを対話形式で実行できます。コマンドの動きを確認したいといった場合に便利です。実際のプログラム作成には方法②を使います。

Python付属の統合開発環境IDLEについて

本書では、Pythonのパッケージに付属している**IDLE**というツールを使用してPythonプログラムを作成する方法を説明します。IDLE（Integrated DeveLopment Environment）

は日本語にすれば「**統合開発環境**」です。プログラムを書くエディターと実行環境など、プログラムを開発するためのツールをひとまとまりにしたものです。

　Pythonに付属のIDLEはとてもシンプルな開発環境ですから、大規模なプログラムの作成には向きませんが、手軽に利用できることからプログラミングの学習には最適です。

IDLEを起動しよう

　まずは、IDLEを起動してみましょう。

●Windows●

　スタートメニューから「Python 3.x」→「IDLE(Python 〜)」を選択します。

●Mac●

　「アプリケーション」→「Python 3.x」フォルダーの「IDLE」(IDLE.app)をダブルクリックして起動します。

●「Python Shell」ウィンドウが表示される●

　IDLEを起動すると、「Python Shell」ウィンドウが表示されます。これはインタラクティブモードでPythonのコマンドを実行するための画面です。

「Python Shell」ウィンドウ

コマンドはプロンプトに続いて入力する

まずは、**IDLEのインタラクティブモードを使用して対話形式でコマンドを実行する方法**について説明します。

Python Shellではバージョンなどの表示の後に「**>>>**」が表示されています。これは「**プロンプト**」と呼ばれるもので、インタラクティブモードでPythonインタプリターが起動し、現在コマンドを受け付けられる状態であることを示しています。

```
>>>    プロンプト
```

Pythonのコマンドはプロンプトに続いて入力します。ためしに次のように入力してEnterキーを押してみましょう。

```
print("こんにちは")
```

すると、画面に「こんにちは」と表示され、再びプロンプトが表示されます。

```
>>> print("こんにちは") Enter
こんにちは
>>>    再びプロンプトが表示される
```

ここで入力した「print("こんにちは")」は画面に「こんにちは」と表示するコマンドです。

> Mac の IDLE の場合、本書執筆時点では日本語を入力した際に確定するまで表示されなかったり、日本語と英語の入力切り替え時に無駄なスペースが入るといった不具合があります。使いづらい場合はターミナルでpython3 コマンドを実行してインタラクティブモードを起動してください（P39「コマンドラインでインタプリターを起動する」参照）。

同じように、プロンプトに続いて次のように入力してEnterキーを押してみましょう。

```
print("Python")
```

「こんにちは」の部分が「Python」に変わっているため、こんどは「Python」と表示されます。

```
>>> print("Python") Enter
Python
>>>
```

Think! 考えてみよう ?

① Pythonの実行方法を覚えましょう

┌─────────────────────┐
│   │ で実行する
└─────────────────────┘

┌─────────────────────┐
│   │ を作成して実行する
└─────────────────────┘

⬇

┌─────────────────────┐
│ インタラクティブモード │ で実行する
└─────────────────────┘

┌─────────────────────┐
│ プログラムファイル │ を作成して実行する
└─────────────────────┘

解説 インタラクティブモードは、ちょっとしたPythonのプログラムを動作させるのに
向いています。
記述量が多くなるプログラムの場合は、プログラムファイルを記述して実行する方
法を選択するのがよいでしょう。

② IDLEのインタラクティブモードでPythonのプログラムを実行する方法を覚え
ましょう

①IDLEを起動し、┌─────────────┐ を表示する
　　　　　　　　└─────────────┘

② ┌─────────┐ と呼ばれる「>>>」に続けてPythonのコマンドを入力し、┌─────────┐ キー
　 └─────────┘ 　　　　　　　　　　　　　　　　　　　　　　　　　　└─────────┘
を押すことで、プログラムを実行できる

⬇

①IDLEを起動し、┌ Python Shell ┐ を表示する
　　　　　　　　└──────────────┘

② ┌ プロンプト ┐ と呼ばれる「>>>」に続けてPythonのコマンドを入力し、┌ Enter ┐ キー
　 └──────────┘ 　　　　　　　　　　　　　　　　　　　　　　　　　　└───────┘
を押すことで、プログラムを実行できる

解説 「>>>」のマークは「プロンプト」といいます。プロンプトは、コマンドが入力可能
な状態であることを示しています。

文字列を画面に表示するprint関数について

ここで、プログラムに欠かせない「**関数**」と「**引数**」（ひきすう）という用語について
簡単に説明しておきましょう。なんらかの処理を名前（ここではprint）で呼び出せる
ようにしたものを「**関数**」と呼びます。

これまでの実行例から想像がつくと思いますが、「print(〜)」は「( )」内に記述した値を画面に表示する関数です。

プロンプトに「『こんにちは』と表示してください」と日本語で書いても、もちろん動作しません。Pythonでは**「表示する」という処理は「print」という名前の付いた関数で用意してあります**。ですので、プログラムではこのprint関数を利用して「『こんにちは』と表示してください」という命令を伝えます。

> P22ではオブジェクトに用意されている処理を「メソッド」と呼ぶことを説明しましたが、メソッドも関数の仲間です。
> なお、print関数のようにPythonインタプリターの内部に組み込まれていて、ユーザーが自由に利用できる関数を「組み込み関数」と呼びます。

● 引数は関数に渡す値 ●

前述のようにprint関数は「表示してください」という命令です。print関数を利用する場合は、**「何を表示するか」もあわせて指定する**必要があります。この「何を」の部分を指定するのが**「引数」**(ひきすう)です。引数は関数名の後ろの「(」と「)」の間に記述します。先ほどの命令の場合は、「"こんにちは"」の部分が引数となります。

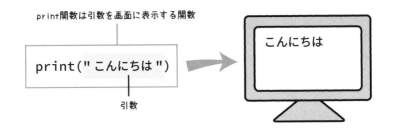

print関数は引数を画面に表示する関数

```
print(" こんにちは ")
```

引数

こんにちは

● 文字列はダブルクォーテーション「"」で囲む ●

ここで、引数の「こんにちは」が**ダブルクォーテーション「"」**で囲まれていることに注目しましょう。文字の並びのことを**「文字列」**と呼びます。このように、Pythonでは文字列を表記する場合は、必ずクォーテーションで囲みます。

なお、ダブルクォーテーション「"」の代わりに**シングルクォーテーション「'」**で囲ってもかまいません。

```
>>> print('こんにちは')  Enter
こんにちは
```

ただし、始まりと終わりのクォーテーションは同じでなければなりません。文字列の内部にスペースが入っていてもOKです。

```
>>> print("赤 青 黄") Enter
赤 青 黄
```

　文字列の内部にクォーテーションを入れたい場合には、もう一方のクォーテーションで囲みます。たとえば「What's going on」のようなシングルクォーテーション「'」を含む文字列を表示したい場合には、全体をダブルクォーテーション「"」で囲みます。

```
>>> print("What's going on") Enter
What's going on
```

文字列や後述するコメントを除いて、基本的に Python のコマンドはすべて半角文字で入力します。また、かっこ「( )」やクォーテーションなどの記号もすべて半角文字を使用します。

● **print関数には複数の引数を渡せる** ●

　関数によっては複数の引数を受け取れるものもあります。その場合、引数を**カンマ「,」で区切って指定**します。

```
関数名(引数1, 引数2, ... )
```

　print関数も任意の数の引数を受け取ることができます。その場合、受け取った順にスペースで区切って画面に表示されます。

```
>>> print("Python", "Java", "Perl") Enter
Python Java Perl ◀ 引数がスペースで区切って表示される
```

引数を複数指定する場合、「,」の後にひとつの半角スペースを入れると見た目がわかりやすくなります。

① print関数を使って「Hello Python」と表示してみましょう

```
print("                    ")    →    print("  Hello Python  ")
```

解説 print関数で文字列を表示するときには、文字列をダブルクォーテーション「"」またはシングルクォーテーション「'」で囲みます。

---

② print関数に引数を2つ渡して「Hello Python」と表示してみましょう

```
print(                    )
```

↓

```
print(  "Hello", "Python"  )
```

解説 print関数に複数の引数を渡した際、引数との間は「 」(半角スペース)が補完されます。なお、初期設定では半角スペースで区切られますが、

```
print(引数1, 引数2, 引数3, sep='|')
```

と記述することで、別の区切り文字に変更することもできます(ここでは「|」)。

数値をprint関数に渡す

続いて、次のように「100」を引数にprint関数を実行してみましょう。

```
>>> print(100)  Enter
100
```

「100」が表示されました。この例では、引数の「100」をダブルクォーテーション「"」で囲んでいません。この場合、「100」は文字列ではなく、**数値と見なされます**。

こんどは「100」をダブルクォーテーション「"」で囲んでみましょう。

```
>>> print("100")  Enter
100
```

結果の見た目は同じです。ただし、プログラム言語では**数値と文字列は明確に区別されます**。のちほど説明しますが、たとえば、数値は足し算や割り算などの計算ができますが、文字列はできません。

Chapter 2

Think! **考えてみよう**

① **print関数を使って、数値の「123」を表示してみましょう**

print(　　　　　　)　➡　print(123)

② **print関数を使って、文字列の「123」を表示してみましょう**

print(　　　　　　)　➡　print("123")

解説 文字列の場合は「"」または「'」で囲みます。数値の場合は不要です。

エラーが表示されてもあわてない

入力したコマンドになんらかのエラーがあると、Pythonインタプリターは実行してくれません。**エラーメッセージを表示します。**

たとえば、あやまって「print」を「prant」と記述してしまった場合には次のようなメッセージが表示されます。

```
>>> prant("こんにちは") Enter
Traceback (most recent call last):
  File "<stdin>", line 1, in <module>
NameError: name 'prant' is not defined
>>>   再びプロンプトが表示される
```

メッセージの最後の行に注目してみましょう。

```
NameError: name 'prant' is not defined
```

NameErrorというのは名前にエラーがあるという意味です。「name 'prant' is not defined」で、「prant」といった名前は定義されていないと表示しています。

●前に実行したコマンドを呼びだせる●

インタラクティブモードは前に実行したコマンドを覚えています。**Windowsでは Alt＋Pキー、Macの場合はcontrol＋Pキーでコマンドをひとつずつさかのぼって表示してくれます**。逆に戻る場合は、WindowsはAlt＋Nキー、Macはcontrol＋Nキーを押します。

```
>>> prant("こんにちは")   ← Alt (control)＋Pキーで前のコマンドに戻る
```

まちがってタイプした「prant」を「print」に修正してEnterキーを押せば実行できます。

```
>>> print("こんにちは")   Enter   ← 修正して実行
こんにちは
```

Think! 考えてみよう ？

1 **print関数で2つの数値を表示する際にエラーになる箇所を修正してみましょう**

```
print(100 200)
```
➡
```
print(100 [ , ] 200)
```

解説 print関数には複数の引数を渡すことができますが、最初の命令は半角スペースで区切られた数値を引数として渡しています。これはprint関数の引数として正しい形式になっていません。そのため、最初の命令では「SyntaxError（構文エラー）」、つまり記述そのものがまちがっているというエラーが出ます。

```
>>> print(100 200)
  File "<stdin>", line 1
    print(100 200)
              ^
SyntaxError: invalid syntax
```

なお、引数を「"100 200"」と「"」で囲んだ場合にもエラーが出なくなります。この場合は、引数が文字列として扱われます。

IDLEを使用しなくても、WindowsのPowerShellやMacのターミナルで Pythonインタプリターを起動することで、インタラクティブモードでコマ ンドを実行できます。IDLEで入力がスムーズにできない場合はこれらを利 用してみましょう。

●Windowsの場合●

　Windowsの場合、PowerShellやコマンドプロンプトを使用します。ここ ではWindows 10のPowerShellを使用する方法について説明しましょう。

①スタートメニューから「Windows PowerShell」を起動します。

②「python ｜Enter｜」を入力します。

③Pythonインタプリターが起動しインタラクティブモードのプロンプト 「>>> 」が表示されます。

④プロンプトに続いて「print("こんにちは") ｜Enter｜」と入力して結果が 表示されることを確認します。

```
Windows PowerShell
Windows PowerShell
Copyright (C) Microsoft Corporation. All rights reserved.

新しいクロスプラットフォームの PowerShell をお試しください https://aka.ms/pscore6

PS C:\Users\o2> python
Python 3.8.0 (tags/v3.8.0:fa919fd, Oct 14 2019, 19:21:23) [MSC v.1916 32 bit (Intel)] on win32
Type "help", "copyright", "credits" or "license" for more information.
>>> print("こんにちは")
こんにちは
>>>
```

●Macの場合●

Macの場合には「ターミナル」を使用します。

①「アプリケーション」→「ユーティリティ」フォルダーの「ターミナル」 （ターミナル.app）を起動します。

②プロンプトに続いて「python3 ｜Enter｜」を入力します。

Chapter 2

ℹ️ Mac では「python3」コマンドで Python 3.x が起動します。「python」コマンドの場合は Python 2.x が起動してしまうので注意しましょう。

③Pythonインタプリターが起動し、インタラクティブモードのプロンプト「>>> 」が表示されます。

④プロンプトに続いて「print("こんにちは") [Enter] 」と入力して結果が表示されることを確認します。

```
⌂ o2 — Python — 80×24
[imac2-2:~ o2$ python3
Python 3.8.0 (v3.8.0:fa919fdf25, Oct 14 2019, 10:23:27)
[Clang 6.0 (clang-600.0.57)] on darwin
Type "help", "copyright", "credits" or "license" for more information.
>>> print("こんにちは")
こんにちは
>>>
```

●exit関数で終了する●

PowerShellやターミナルで起動したPythonのインタラクティブモードを終了するときは、exit関数を使用します。

exit関数はインタラクティブモードのPythonを終了するための関数です。引数はありませんが、その場合でも最後に「()」が必要な点に注意してください。

>>> exit() [Enter] ◀ Pythonインタプリターを終了する

足し算や引き算をしてみよう

P36で述べたように、**数値と文字列は区別されます**。数値を使用する例として、足し算と引き算をしてみましょう。

算数では数値どうしを足し算する時に「+」記号を使用しました。たとえば「10 + 3」という式の結果は「13」となります。Pythonの場合も同様に、**「+」記号を使用すると数値どうしの足し算が行えます**。

print関数の引数に「+」記号を使用して足し算を行う例を見てみましょう。

```
>>> print(200 + 400)  Enter
600
```

この場合、まず「200 + 400」が計算さ
れ、その結果の「600」がprint関数の引数
になります。

```
print( 200 + 400 )

print( 600 )
```

また、**「−」記号を使用すると引き算が行えます**。こんどは「−」記号を使用して数値
の引き算を行ってみましょう。

```
>>> print(300 - 200)  Enter
100
```

「+」や「−」のような計算を行うための記号を「**演算子**」といいます。

> 「+」や「-」といった記号の前後に半角スペースを入れてもかまいません。見た目にわかりやすくなるので、
> 前後にひとつの半角スペースを入れるのが一般的です。

算数と同じく、ひとつの式の中で続けて演算を行うこともできます。

```
>>> print(300 + 100 + 50 - 30)  Enter
420
```

では、掛け算や割り算はどうでしょう？　もちろん、それらの計算も行えます。
実は、プログラムでは掛け算と割り算に算数とは異なる記号を使用します。それに
ついてはP56で解説します。

Think! 考えてみよう ?

① 「123 + 456」の計算をしてみましょう

```
print(              )
```
➡
```
print( 123 + 456 )
```

解説 「+」記号を使用すると数値どうしの足し算が行えます。実行すると「579」と表示されます。今回は表示するのが文字列ではなく数値なので、「"」は不要です。

② 「654 - 321」の計算をしてみましょう

```
print(              )
```
➡
```
print( 654 - 321 )
```

解説 「-」記号を使用すると数値どうしの引き算が行えます。実行すると「333」と表示されます。

③ 1から9までの数字を足し算してみましょう

```
print(                                        )
```
⬇
```
print( 1 + 2 + 3 + 4 + 5 + 6 + 7 + 8 + 9 )
```

解説 複数の足し算も行えます。実行すると「45」と表示されます。

● 文字列どうしに「+」を使用すると連結される ●

　P36の「数値をprint関数に渡す」で触れたように、見た目が同じでも、数値と文字列は扱いが異なります。**数字をそのまま書くと数値、「"」や「'」で囲むと文字列**として扱われます。扱いの違いがもっともわかりやすいのが「+」演算子を使用したときです。数値の場合は足し算ですが、文字列に「+」を使用すると文字列が連結されます。

　たとえば、「200 + 300」は「500」という数値になりますが、"200" + "300"にすると「"200300"」という文字列になります。

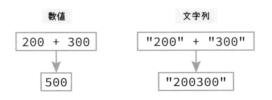

数値 | 文字列

```
200 + 300        "200" + "300"
```
```
500              "200300"
```

print関数で試してみましょう。

```
>>> print("200" + "300") Enter
200300
```

なお、数値「200」と文字列「"300"」に「+」演算子は使用するとエラーになります。数値と文字列はデータの種類が異なります。異なる種類の値には演算子は使えません。

```
>>> print(200 + "300") Enter
Traceback (most recent call last):
  File "<stdin>", line 1, in <module>
TypeError: unsupported operand type(s) for +: 'int' and 'str'
```

Think! 考えてみよう ?

① 「今日の天気は」という文字列と「晴れです」という文字列を連結して表示してみましょう

```
print(                              )
```

⬇

```
print( "今日の天気は" + "晴れです" )
```

解説 「+」演算子は文字列に使用すると連結する働きをもちます。

---

② 「今日の」、「天気は」、「晴れ」、「です」というそれぞれの文字列を連結して表示してみましょう

```
print(                                  )
```

⬇

```
print( "今日の" + "天気は" + "晴れ" + "です" )
```

解説 数値どうしの計算と同様に、ひとつの式の中で続けて連結を行うこともできます。

文(ステートメント)について

プログラム言語では個々の命令のことを「**文**」(**ステートメント**)と呼びます。Pythonでは文の終わりを改行で判断します。つまり、基本的に1行にひとつずつ命令を記述していきます。

1行に複数の文を記述することもできます。その場合、前の文の最後にセミコロン「;」を記述して文を区切ります。このとき「;」の後には半角スペースを入れるとわかりやすくなります。

```
>>> print("こんにちは"); print("Python") Enter
こんにちは
Python
```

ただし、多用するとプログラムの見通しが悪くなるので注意しましょう。

インデント(字下げ)に注意

P19でも触れたように、Pythonプログラムではインデント(字下げ)によってプログラムの構造を判断します。インデントが必要な場面についてはそのつど説明しますので、現段階では文は必ず行の先頭からはじめると覚えておいてください。

たとえば、次のようにprint(〜)の前に半角スペースが入った状態で文を開始するとエラーになります。

```
>>>  print(4) Enter
  File "<stdin>", line 1
    print(4)
    ^
IndentationError: unexpected indent
```

エラーメッセージの最後の「IndentationError: unexpected indent」はインデント(indent)が適切でないというメッセージです。

○ インデントはプログラム言語によって扱いが異なります。ほとんどの著名なプログラミング言語では、インデントはたんにプログラムの見やすくするために使われます。プログラムの実行時には無視されるため、入っていなくても、入れ方がまちがっていても、エラーにはなりません。Pythonの場合はインデントが適切に入っていないとエラーになりますので注意しましょう。

Think! 考えてみよう

① 次の3つ文のうち、エラーになるのはどの文でしょう？

```
print( "こんにちは")
```

```
 print("こんにちは")
```

```
print ("こんにちは")
```

エラーになるのは [　　] 番目の文　➡　エラーになるのは [2] 番目の文

解説 1番目と3番目の文は正しく表示されます。文の前に不要なスペースを記述しないようにしましょう。なお、「print」のように関数名の中に不要スペースが入った場合もエラーになります。

02 プログラムファイルを
作成して実行してみよう

前のセクションでは、インタラクティブモードでコマンドを実行する方法を見ました。次により実践的な方法として、プログラムをファイルに保存して実行してみましょう。

.pyファイルを作成して実行

```
print(" こんにちは ")
print("Python の世界へようこそ ")
print(" 足し算: 3 + 4 =", 3 + 4)
print(" 引き算: 20 - 9 =", 20 - 9)
```

IDLE   hello1.py

エディターでプログラムファイルを作成する

Pythonのプログラムは、**テキストファイルに記述します**。インタラクティブモードと同じく基本的に1行にひとつずつコマンドを記述していきます。このときPythonプログラムの拡張子は「.py」にします。

（ .py ファイル ）

```
print(" こんにちは ")
print("Python")
...
```

hello1.py

拡張子は「.py」に。1行にひとつずつコマンドを記述

使用するエディターは好きなものでかまいませんが、**文字コードをUnicodeのUTF-8に設定する必要があります**。

ここでは**IDLE搭載のエディター**を使用する方法について説明しましょう。

● IDLE搭載のエディターの使用方法 ●

①IDLEを起動し「File」メニューから「New File」を選択します。新規のエディターウィンドウが表示されます。

②次のようなプログラムを入力してみましょう。このプログラムは4つのprint(〜)を記述しています。1行目と2行目では文字列の表示、3行目は足し算、4行目では引き算を行っています。

(hello1.py)

```
print("こんにちは")
print("Pythonの世界へようこそ")
print("足し算: 3 + 4 =", 3 + 4)
print("引き算: 20 - 9 =", 20 - 9)
```

③「File」メニューから「Save」を選択します。ファイルを保存するダイアログボックスが表示されるので、適当なディレクトリに「hello1.py」の名前で保存します。

> 拡張子「.py」は必ずしも必要ではありませんが、Pythonプログラムであることをわかりやすくするために付けたほうがよいでしょう。

プログラムを実行する

現在エディターで開いているプログラムを実行するには、「Run」メニューから「Run Module」を選択します。F5キーを押してもかまいません。

「Python Shell」ウィンドウに実行結果が表示されます。

結果を見るとわかるように、「hello1.py」に記述したprint関数が上から順に実行されています。

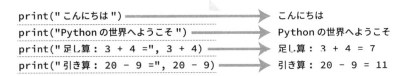

```
print(" こんにちは ")                        こんにちは
print("Python の世界へようこそ ")             Python の世界へようこそ
print(" 足し算: 3 + 4 =", 3 + 4)            足し算: 3 + 4 = 7
print(" 引き算: 20 - 9 =", 20 - 9)          引き算: 20 - 9 = 11
```

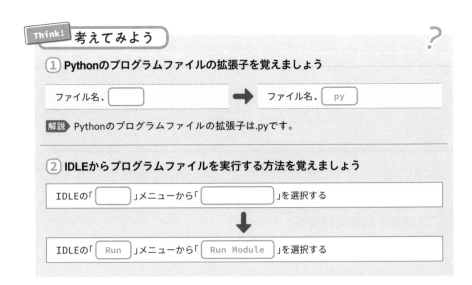

Think! 考えてみよう ?

① **Pythonのプログラムファイルの拡張子を覚えましょう**

ファイル名.〔　　　〕 ➡ ファイル名.〔 py 〕

解説 Pythonのプログラムファイルの拡張子は.pyです。

② **IDLEからプログラムファイルを実行する方法を覚えましょう**

IDLEの「〔　　　〕」メニューから「〔　　　　　　〕」を選択する

⬇

IDLEの「〔 Run 〕」メニューから「〔 Run Module 〕」を選択する

IDLEやほかのエディターで作成した**既存のPythonプログラムを開いて実行する**
こともできます。「File」メニューから「Open」を選択してPythonのプログラムファイ
ルを選択します。するとIDLEのエディターで選択したプログラムが開かれるので、
「Run」メニューから「Run Module」を選択して実行します。

コメントはプログラムの注釈

プログラムファイル内に記述する注釈を「**コメント**」といいます。**コメントはプロ**
グラムの内容などのメモを残すための機能で、プログラムを実行するときには無視
されます。コメントを入れておくことで、あとでプログラムを見直したり、ほかの
人がプログラムを見たときに理解しやすくなります。

Pythonでは「**#」以降から行末までがコメント**になります。

`( # のコメント )`

```
#これはコメント
print("Pythonの世界へようこそ")  # これもコメント
```

● 複数行のコメント ●

複数行からなる範囲をまとめてコメントにしたい場合には、**3重のダブルクォー**
テーション「"」で囲みます。

`( """ のコメント )`

```
"""
    これはコメント
    これもコメント
    これもコメント
"""
```

3重のダブルクォーテーション「"」で囲まれた範囲はコメントとして扱われますが、実際には複数行の文字列
になっています。このためほかのプログラム言語と違い、「"""」のインデントをまちがえるとエラーになる点に注
意しましょう。

たとえば、次のようにコメントを入れておくと、プログラムの内容が理解しやすくなります。

comment1.py

```
"""
テスト用のプログラム
作成日： 2020年1月1日
修正日： 2020年3月10日
作成者： 田中一郎
"""


# 計算結果を表示
print(100 + 40) # 足し算
print(100 - 30) # 引き算
```

●コメントアウトでプログラムの一部を無効にする●

コメントは注釈を入れる以外の利用方法もあります。プログラム作成時に、ある文をコメントにすることで一時的に無効化して、結果を確認するといった場合です。このようにプログラムの一部をコメントにして無効にすることを「**コメントアウト**」といいます。

たとえば、2つの文のどちらが適切かを調べたいときに、片方ずつコメントにして実行し、結果の違いを確認するといったことがよくあります。

次の例の場合、最初のプログラムでは70、次のプログラムでは140とだけ表示されます。

２つの文を切り替えて結果を確認する

```
# print(100 + 40)    この文が無効になる
print(100 - 30)
```

```
print(100 + 40)
# print(100 - 30)    この文が無効になる
```

① 1行のコメントアウトの方法を覚えましょう

| | print("Hello") | ➡ | # | print("Hello") |

解説 「#」以降から行末までがコメントとなるため、行の先頭に記述すると、その1行はコメントアウトされることになります。

② 複数行のコメントアウトの方法を覚えましょう

		"""
print("Hello")		print("Hello")
print("Python")	➡	print("Python")
print("Programming")		print("Programming")
		"""

解説 「"""」で囲まれた範囲がコメントとなるため、複数行のコメントアウトをすることができます。

ソースプログラムにエラーがある場合

インタラクティブモードの場合、実行しようとした文にミスがあるとエラーメッセージが表示されました。テキストファイルにプログラムを記述した場合もミスがあると、実行できずにエラーになります。次の例を見てみましょう。

hello2.py

```
print("こんにちは")
print "足し算: 3 + 4 =", 3 + 4 ❶
print("引き算: 20 - 9 =", 20 - 9)
```

❶ではprint関数の引数を囲む「( )」がありません。この場合、「Run」メニューから「Run Module」を選択すると次のようなウィンドウが表示され、プログラムが停止します。

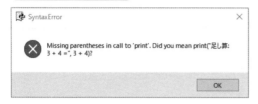

これは「Missing parentheses in call to 'print'」(print関数に「()」がない) というエラーメッセージです。

●全角スペースに注意●

プログラムを見ただけでは見つけにくいエラーに、「半角スペースの代わりに全角スペースを入れてしまった」というものがあります。

引数の区切りの「,」の前などには半角のスペースを入れると見やすくなりますが、全角スペースを使えません。全角スペースを入れるとエラーになるので注意してください。

半角スペースは OK

```
print("こんにちは", "Python")
```

全角スペースは NG

```
print("こんにちは", "Python")
```

後者の全角スペースの場合、実行時に「invalid character in ～」といったエラーになります。

コマンドラインでPythonプログラムを実行するには

コマンドライン、つまりWindowsのPowerShellやMacのターミナルでPythonインタプリターを使用してテキストファイルに保存したPythonプログラムを実行できます。コマンドラインの操作に慣れている方はこちらの方法が便利でしょう。

Windows

```
python Pythonプログラムのパス Enter
```

Mac

```
python3 Pythonプログラムのパス  Enter
```

　たとえば、Pythonプログラム「hello1.py」がカレントディレクトリ（現在自分がいるディレクトリ→P54）に保存されているものとして、このファイルを実行するには次のようにします。

Windows

```
python hello1.py  Enter
```

Mac

```
python3 hello1.py  Enter
```

Mac の場合「python3」を使用する点に注意してください。「python」では Python 2.x が起動してしまいます。

Think! 考えてみよう ?

① 下記のプログラムエラーを修正してみましょう

```
print("Hello"")
```

実行結果

```
File "Main.py", line 1
  print("Hello"")
                ^
SyntaxError: EOL while scanning string literal
```

⬇

```
print("Hello ▢ )
```

解説 文字列の始まりと終わりを表す「"」の数が正しくないため、SyntaxError（構文エラー）が起きてしまっています。

コマンドラインで簡単にディレクトリを移動するには

コマンドラインでPythonプログラムを実行する場合に、あらかじめプログラムファイルを保存したディレクトリに移動しておくと便利です。

コマンドラインでディレクトリを移動するにはcdコマンドを使用します。

```
cd 移動先のディレクトリ
```

このとき移動先のディレクトリはWindowsのエクスプローラーや、MacのFinderからドラッグ&ドロップで設定できます。Windowsを例に説明しますが、Macでも要領は同じです。

①PowerShellなどのコマンドラインを起動し、プロンプトに続いて「cd 」とタイプします。

②エクスプローラーから目的のフォルダーをPowerShellのウィンドウにドラッグ&ドロップします。

③ディレクトリのパスが入力されるのでEnterキーを押します。

変数と計算

このChapterでは、まず四則演算を基本としたシンプルな計算を行う方法について説明します。そのあとでプログラミングに欠かせない変数の使用方法について解説します。「変数」や「データ型」、「浮動小数点数」など耳慣れない単語が出てきますが、心配ありません。繰り返し使っていると自然に覚えてしまうでしょう。

01 いろいろな計算をしてみよう

このセクションではプログラミングの第一歩として、Pythonで数値の基本的な計算を行う方法を解説します。掛け算と割り算は算数とは異なる記号を使うので注意しましょう。

掛け算は「*」、割り算は「/」

「足し算や引き算をしてみよう」（P40）では、数値の足し算と引き算について説明しました。演算子には算数と同じく足し算に「+」、引き算に「−」を使うのでしたね。続いて、掛け算と割り算について説明しましょう。

算数で習った計算では、掛け算に「×」、割り算に「÷」を使用しました。それに対して、**Pythonでは掛け算、割り算の演算子に次のような記号を使用します。**

掛け算：*
割り算：/

掛け算は算数で使う「×」の代わりに「*」を、割り算は「÷」の代わりに「/」を使う点に注意しましょう。

Python と算数の違い

	算数の計算	Pythonの計算
掛け算	4 × 10	4 * 10
割り算	20 ÷ 5	20 / 5

掛け算を「*」、割り算を「/」で表す書き方は、Pythonだけでなく、多くのプログラム言語やExcelなどのソフトウェアでも共通です。

まずはインタラクティブモードで試してみましょう（以降、インタラクティブモードでコマンド入力後のEnterキーの表記は、説明に必要な場合を除いて省略します）。

掛け算	割り切れる割り算	割り切れない割り算
`>>> 9 * 3`	`>>> 12 / 3`	`>>> 5 / 2`
`27`	`4.0`	`2.5`

　「*」が掛け算、「/」が割り算になっていることがわかります。注意が必要なのは、Python 3では、**割り算の計算結果がつねに小数になる**ことです。上記の割り切れる割り算の例を見ても、計算結果が「4.0」と小数になっています。

> Pythonの数値を表すデータには整数のほかに、小数を扱えるタイプがあります。これを浮動小数点数型（P78「2種類の数値型 - 整数型と浮動小数点数型」参照）といいます。Python 3では数値の割り算を行うと浮動小数点数型の値になります。前のバージョンであるPython 2系では、ほかの多くのプログラムと同様に、整数どうしの割り算の計算結果は整数の値になるので注意しましょう。

Think! 考えてみよう ?

① インタラクティブモードで「15×13」を計算してみましょう

`>>>` [　　　　　　] ➡ `>>>` `15 * 13`

解説 掛け算の記号は「*」です。実行すると「195」と表示されます。

② インタラクティブモードで「121÷11」を計算してみましょう

`>>>` [　　　　　　] ➡ `>>>` `121 / 11`

解説 割り算の記号は「/」です。実行すると「11.0」と表示されます。

● 割り算のあまりを求める演算子 ●

　「+」、「−」、「*」、「/」の四則演算と並んでプログラムでよく使用する演算子に「**%**」があります。これは割り算のあまりを求める演算子で、「**剰余演算子**」ともいいます。たとえば、「10 % 3」は、10を3で割ったあまりを計算し、結果は「1」になります。%演算子の使用例を見てみましょう。

割り切れる剰余演算	割り切れない剰余演算
>>> 10 % 5	>>> 20 % 6
0	2

後者の割り切れない剰余演算の場合は、あまりとなる「2」が表示されています。使い道がわかりづらい演算子に見えますが、たとえば「○○ % 2」とすると、「0だったら○○は2で割り切れる偶数、1だったら奇数」といった判別が行えます。

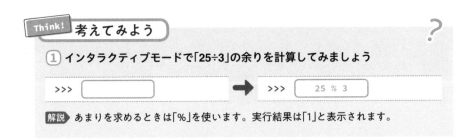

Think! 考えてみよう ?

① インタラクティブモードで「25÷3」の余りを計算してみましょう

>>> [　　　　　] ➡ >>> 25 % 3

解説 あまりを求めるときは「%」を使います。実行結果は「1」と表示されます。

文字列に「+」を使うと連結、「*」を使うと繰り返せる

文字列どうしに+演算子を使用すると連結できることはP42「文字列どうしに「+」を使用すると連結される」で説明しました。復習をかねてインタラクティブモードで試してみましょう。

文字列を + で連結

```
>>> "はじめての" + "Python" ①
'はじめてのPython'
>>> "20" + "21" ②
'2021'
```

①②は文字列どうしを「+」で接続しています。②は「"20"」と「"21"」という数字ですが、ダブルクォーテーション「"」で囲まれているため文字列として扱われるのでしたね。

実は**数値の掛け算を行う*演算子は、文字列を指定した回数繰り返すのに使用できます**。*の後ろに整数値を記述するとその数だけ文字列を連結できるのです。

文字列 ＊ 繰り返し数

文字列を * で繰り返す

```
>>> "Python" * 4
```

```
'PythonPythonPythonPython'
```

```
>>> "こんにちは " * 3
```

```
'こんにちは こんにちは こんにちは '
```

"Python"が4回、"こんにちは "が3回繰り返されています。

なお、文字列どうしに*演算子は使用できません。実行すると次のようなエラーメッセージが表示されます。

文字列 * 文字列とするとエラーになる

```
>>> "こんにちは" * "3"
```

```
Traceback (most recent call last):
```

```
  File "<stdin>", line 1, in <module>
```

```
TypeError: can't multiply sequence by non-int of type 'str'
```

"3"は文字列として扱われるため、エラーになります。上記の例はわかりやすいですが、たとえば"3"が次セクションで解説する変数に入っている場合などは間違えやすいので注意しましょう。

 **考えてみよう**

① 「"3" * 3」としたときの結果を考えてみましょう

```
>>> "3" * 3
```
[   ]
➡
```
>>> "3" * 3
```
```
'333'
```

解説 最初の"3"が文字列なので、3回繰り返されて表示されます。

② 「"Hello " * 3 + "Python"」としたときの結果を考えてみましょう

```
>>> "Hello " * 3 + "Python"
```
[   ]
➡
```
>>> "Hello " * 3 + "Python"
```
```
'Hello Hello Hello Python'
```

解説 文字列の演算においても、通常の数値の演算と同様に複数の項目を記述できます。まず「Hello 」を3回繰り返し、さらに「Python」を付け加える処理になります。

演算子には優先順位がある

算数では、ひとつの式の中で複数の計算を行う場合、掛け算・割り算が足し算・引き算より優先されるというルールがありました。Pythonの計算も同じです。

●同じ優先順位の演算子を使用した場合●

同じ優先順位の演算子を組み合わせて使用した場合には、左から順に計算されます。次の例を見てみましょう。

```
>>> 10 - 3 + 4 + 2
13
```

「10 - 3 + 4 + 2」が左から順に計算されます

```
10 - 3 + 4 + 2
  7   +   4
     11   +   2
          13
```

●異なる優先順位の演算子を組み合わせた場合●

異なる優先順位の演算子を組み合わせて使用した場合には、優先順位が高い部分（掛け算と割り算の部分）が先に計算されます。

```
>>> 10 * 3 + 4 / 2
32.0
```

「10 * 3 + 4 / 2」が次のように計算されます。

```
10 * 3 + 4 / 2
  30   +  2.0
     32.0
```

●()で囲んで優先順位を変更する●

算数と同様に計算の優先順位を変更するには、優先したい部分を「(」と「)」で囲みます。前述の「10 * 3 + 4 / 2」の「3 + 4」を優先させるには次のようにします。

```
>>> 10 * (3 + 4) / 2
35.0
```

「10 * (3 + 4) / 2」は次のように計算されます。

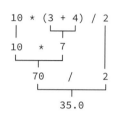

Think! **考えてみよう** ?

① **インタラクティブモードで「5 + 3 × 5 ÷ 2」を計算してみましょう**

>>> [   ] ➡ >>> `5 + 3 * 5 / 2`

解説 ×を「*」、÷を「/」と置き換えるだけで、書き方は算数と同じです。
実行すると「5+15÷2」→「5+7.5」と計算され、「12.5」と表示されます。

② **インタラクティブモードで「5 + 3 × 5 ÷ 2」の内、「5 + 3」を優先する計算を
してみましょう**

>>> [   ] ➡ >>> `(5 + 3) * 5 / 2`

解説 優先したい足し算や引き算を()で囲むのも算数と同様です。実行すると「8×5÷2」
→「40÷2」と計算され、「20.0」と表示されます。

(02) 変数を使ってみよう

Python に限らず、プログラムに欠かすことのできない存在が、値を格納する「変数」です。
このセクションでは変数の基本的な使い方について説明します。

変数は名前付きの箱

　値を一時的に保存しておきたいといったときに活躍するのが「**変数**」です。変数につけた名前を「**変数名**」といいますが、この変数名で保存した値を利用できます。変数は、**変数名のタグがついた箱のようなイメージ**で捉えるとよいでしょう。たとえば、自分の年齢をageという名前の変数にしまっておけます。数値だけではなく、nameという変数に自分の名前の文字列を入れておくこともできます。

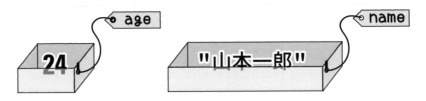

● 変数はなぜ便利？ ●

　変数の値は、**必要なときに取り出して計算などに使用できます**。たとえば、ドルの金額を円に変換するプログラムを考えてみましょう。レートが1ドル100円なら、ドルの値に100を掛ければ円の値が求められます。では、レートが103円に変更された場合にはどうでしょう。変換したいドルの値がたくさんある場合にはとても面倒です。

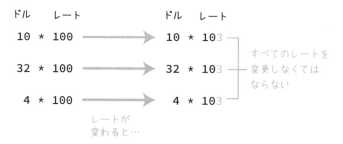

為替レートをrateという変数に格納しておけば、レートが変更になった場合にはrateの値を変更するだけですみます。

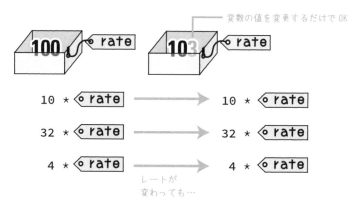

このように、**変数はプログラム中で何度も使用する値や、変更される可能性がある値に使うのが基本です。**

変数に値を代入する

変数に値を入れることを「**変数に値を代入する**」といいます。記号には「**=**」を使用し、左辺に変数名、右辺に値を記述します。

```
変数名 = 値
```

「age」という名前の変数を用意し、値として整数の「40」を代入するには次のようにします。

```
>>> age = 40
```

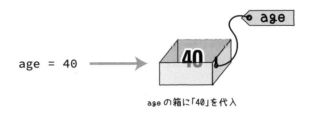

age = 40

age の箱に「40」を代入

ここで「=」の使い方が算数とプログラムでは異なる点に注意しましょう。算数の「=」はその左辺と右辺の値が等しいことを表します。プログラムの場合には、**左辺に記述した変数に、右辺の値を代入する**ことを表します。この「=」を「**代入演算子**」といいます。

> 「=」の前後に半角スペースひとつを記述すると、プログラムが見やすくなります。

● 変数から値を取り出す ●

変数から値を取り出すには変数名をそのまま記述します。「40」を代入した変数ageの値をprint関数で表示する例を見てみましょう。

```
>>> print(age)
40
```

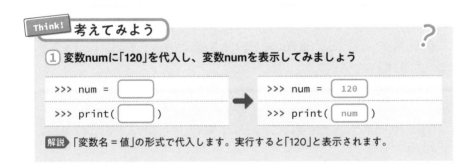

Think! 考えてみよう ?

① 変数numに「120」を代入し、変数numを表示してみましょう

```
>>> num =
>>> print(       )
```
→
```
>>> num =   120
>>> print(  num  )
```

解説 「変数名 = 値」の形式で代入します。実行すると「120」と表示されます。

② 変数numに「120」を代入し、変数numを表示したあと、同じnumに80を代入
しなおして表示してみましょう

```
>>> num = 120
>>> print(num)
>>>  [            ]
>>> print(num)
```

```
>>> num = 120
>>> print(num)
>>>  [ num = 80 ]
>>> print(num)
```

解説 変数numの値を変えるときは、最初の代入時と同じ書き方をするだけで値を上書きできます。最初のprint文では「120」、2番目のprint文では「80」と表示されます。

● 文字列を変数に代入する ●

変数には**文字列も代入できます**。文字列はクォーテーションで囲むのでしたね。
変数nameに文字列として"山田花子"を代入して、print関数で表示する例を見てみましょう。

```
>>> name = "山田花子"
>>> print(name)
山田花子
```

数値と同様に、文字列もきちんと表示されます。

Think! 考えてみよう ?

① 変数str1に「こんにちは」を代入し、変数str1を表示してみましょう

```
>>> str1 = [            ]
>>> print(    )
```

```
>>> str1 = [ "こんにちは" ]
>>> print( str1 )
```

解説 変数に文字列を代入するときは、「"」か「'」で囲みます。それ以外は数値の代入と変わりません。

●インタラクティブモードで変数の値を簡単に確認する●

インタラクティブモードに限られますが、print関数を使用せずに、プロンプト「>>> 」に続いて単に「変数名」を入力してEnterキーを押すだけでも変数の値が表示されます。

```
>>> age Enter    ◀ 変数ageの値を表示
```
40

変数の値を素早く確認したい場合に便利です。

このとき、数値の場合にはそのまま表示されますが、文字列の場合にはシングルクォーテーション「'」で囲まれて表示されるため、値の型が区別できます。

```
>>> name Enter
```
'山田花子'

変数名の付け方について

Pythonの変数名には、半角のアルファベット、数字、アンダースコア「_」が使用できます。このとき最初の文字は数字以外である必要があります。また、以下のPythonのキーワードを変数名とすることはできません。

Python のキーワード

False	class	finally	is	return
None	continue	for	lambda	try
True	def	from	nonlocal	while
and	del	global	not	with
as	elif	if	or	yield
assert	else	import	pass	break
except	in	raise		

これらを満たせば変数名は自由につけることができます。だだし、Pythonの標準ライブラリーのスタイルガイド「PEP8（Style Guide for Python Code）」によれば、通常の変数名は、アルファベットの大文字を使用せず、複数の単語から構成される場合にはアンダースコア「_」で接続することが推奨されています。

変数名の例

name	my_age	student1	new_price

Python 3 では、変数名に日本語も使用できるようになりました。

```
>>> 名前 = "田中一郎"
>>> print(名前)
田中一郎
```

ただし現状では、入力の面倒さや汎用性、慣れなどの理由から、変数名は半角英数字で付けるのが一般的です。半角数字の「1」と全角数字の「1」のような紛らわしい文字も出てくるため、本書でも半角英数字と「_」のみを使用します。

Think! 考えてみよう

① **Pythonの規則に沿って、街の人口「city population」の変数名を定義し、「10000」を代入してみましょう**

		city_population = 10000

解説 Pythonで扱う変数名は、単語と単語をアンダースコア「_」でつないだ形で記述するようにしましょう。

del文で変数を削除する

変数を削除するには、次のようにします。

```
del 変数名
```

「del」は関数ではありません。「del 変数名」でひとつの文になります。del文の動作を確かめてみましょう。

```
>>> num1 = 100    変数num1に「100」を代入
>>> print(num1)   変数num1を表示
100
>>> del num1      ①変数num1を削除
>>> print(num1)   ②変数num1を表示
```

①でdel文を実行して変数num1を削除しています。そのあと②で変数num1の値を表示しています。これを実行すると「name 'num1' is not defined」と、num1が定義

されていないというエラーが表示されます。

```
Traceback (most recent call last):
  File "<stdin>", line 1, in <module>
NameError: name 'num1' is not defined
```

変数num1が削除できているため、このような未定義である旨のエラーが出ます。

COLUMN ## 変数を使うときにデータの型を宣言しなくていいの？

これまで見てきたようにPythonの値には、整数や文字列といった分類があります。これを「データ型」といいます。整数は「整数型」（int型）、文字列は「文字列型」（str型）というデータ型です。

Javaなどのほかのプログラミング言語の経験がある方は、「変数を使う前にそれがどんな型かを宣言しなくていいのだろうか？」と疑問に感じたかもしれません。

たとえばJavaの場合、整数はint型です。値を代入する前に、それがint型であることを宣言しておく必要があります。

(Java の場合)

```
int age;  ← 変数ageがint型であることを宣言

age = 40;  ← 変数ageに「40」を代入
```

Pythonでは、宣言は不要でいきなり値を代入できます。代入する値に応じて型が推測されるのです。

(Python の場合)

```
age = 40  ← 変数ageは整数型になる
```

上記の例では変数ageには整数型の値が代入されます。同じ変数に、異なる型の値を代入することもできます。

```
age = "40歳"  ← 変数ageは文字列型になる
```

上記の例では同じ変数ageに"40歳"という文字列を代入しています。こうすると変数ageは文字列型の値を保持するようになります。

変数を使って計算する

これまでは、数値に対して直接「+」、「-」、「*」、「/」などの演算子を使用して計算を行ってきました。変数に入れた値に対しても同様に計算が行えます。

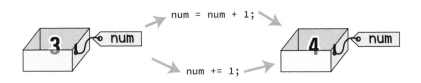

変数を使用して計算をする

変数に代入した値は、たんに表示するだけでなく、計算などにも使用できます。インタラクティブモードを使用して、変数に入れた値に対して計算が行えることを試してみましょう。

```
>>> num1 = 4    変数num1に4を代入
>>> print(num1 + 5)    変数num1の値に5を足して表示
9
```

変数を使用した計算の場合も、掛け算と割り算は足し算や引き算より優先されます。

```
>>> num2 = 10    変数num2に10を代入
>>> print(num1 + num2 * 3)    変数num2に3を掛けた値と変数num1の値を足して表示
34
```

優先順位を変更するには「( )」で囲みます。

```
>>> print((num1 + num2) * 3)    num1 + num2を優先させる
42
```

インタラクティブモードでは print 関数を使用しなくても計算結果を確認できます。

```
>>> num1 = 4
>>> num1 + 5
9
```

計算結果を別の変数に代入することもできます。次の例は変数num1の値を変数num2の値を掛けてそれを変数num3に代入しています。

```
>>> num3 = num1 * num2
>>> print(num3)
40
```

Think! 考えてみよう

① 変数numに「4」を代入し、numに5を掛けてみましょう

```
>>> num = 4
>>> print(         )
```
➡
```
>>> num = 4
>>> print(  num * 5  )
```

解説 実行すると「20」と表示されます。

② 変数numに「30」を代入し、numを6で割ってみましょう

```
>>> num = 30
>>> print(         )
```
➡
```
>>> num = 30
>>> print(  num / 6  )
```

解説 実行すると「5.0」と表示されます。

③ 変数numに「8」を代入し、numから2を引いた数に5を掛けてみましょう

```
>>> num = 8
>>> print(            )
```
➡
```
>>> num = 8
>>> print(  (num - 2) * 5  )
```

解説 実行すると「30」と表示されます。( )に囲まれた演算が優先して処理されることに注意しましょう。

変数に代入した文字列に演算子を使う

変数に代入した文字列にも「+」や「*」といった演算子を使えます。

```
>>> str1 = "Python"
>>> str1 + "入門"     連結
'Python入門'
```

```
>>> str1 * 4 + "ようこそ"     繰り返しと連結
'PythonPythonPythonPythonようこそ'
```

変数であっても代入されているのが文字列なので、「+」では連結、「*」では繰り返しの処理が行われます。

また、文字列と数値を連結しようとするとエラーになる（P43）点は、変数も同じです。

```
>>> str1 + 40
Traceback (most recent call last):
  File "<stdin>", line 1, in <module>
TypeError: can only concatenate str (not "int") to str
```

Think! 考えてみよう　　?

① 変数str1とstr2を連結して表示してみましょう

```
>>> str1 = "Hello"
>>> str2 = "Python"
>>> print(            )
```

➡

```
>>> str1 = "Hello"
>>> str2 = "Python"
>>> print( str1 + str2 )
```

解説 「+」で文字列の連結が行われるため、実行すると「HelloPython」と表示されます。

② 変数str1とstr2とstr3を接続して表示してみましょう

```
>>> str1 = "Hello"
>>> str2 = " "
>>> str3 = "Python"
>>> print(                    )
```

↓

```
>>> str1 = "Hello"
>>> str2 = " "
>>> str3 = "Python"
>>> print( str1 + str2 + str3 )
```

解説 実行すると「Hello Python」と表示されます。半角スペース「 」も文字列のひとつです。文字列を結合する際、区切り文字が必要なときはこのようにするとよいでしょう。もちろん、区切りの文字はアンダースコア「_」や、ハイフン「-」でもかまいません。

為替レートを変数にしてドルの値から円の値を求める

次に、変数を利用した計算をプログラムファイルに記述した例を見てみましょう。変数rateに為替レートを代入し、ドルの値から円の値を求めるプログラム「dollar_to_yen1.py」です。

dollar_to_yen1.py

```
rate = 109.5      ①
print(4 * rate)   ②
print(10 * rate)  ③
print(8 * rate)   ④
```

①で為替レートの値を格納するための変数rateを用意し、「109.5」を代入しています。②③④で変数rateとドルの数値を掛け算して円の金額を求め、print関数で表示しています。

実行結果

438.0	②「4 * rate」の結果
1095.0	③「10 * rate」の結果
876.0	④「8 * rate」の結果

為替レートの値を「110.0」に変更したい場合には、①の変数rateの値を次のように変更するだけでOKです。

```
rate = 110.0
```

変更後の実行結果

440.0
1100.0
880.0

PEP8（Style Guide for Python Code)」によると、Python プログラムのファイル名の付け方は、変数名と同じく、アルファベットの大文字を使用せず、複数の単語から構成される場合にはアンダースコア「_」でつなぐことが推奨されています。

Think! 考えてみよう ?

① 変数を使った税率10%の計算をしてみましょう

```
tax_rate = 1.10      税率を10%とする
print(300 * [        ] )      税込価格を表示
```

↓

```
tax_rate = 1.10
print(300 * [ tax_rate ] )
```

解説 300円の税込価格を計算しています。実行すると「330.0」と表示されます。

```
tax_rate =           ◀ 税率を8%とする
print(300 * tax_rate) ◀ 税込価格を表示
```

⬇

```
tax_rate =  1.08
print(300 * tax_rate)
```

解説 税率が「10%」から「8%」になった場合、税率を表す変数「tax_rate」を「1.08」とすることで対応できます。実行すると「324.0」と表示されます。
このように変数の値を使って計算を行うと、変数に代入する値を変えることで計算そのものを変更することなく、計算結果を変えることができます。

変数に計算結果を再代入する代入演算子

代入演算子「=」を使用して変数に値を代入できることについては、これまでなんども説明してきました。

```
num = 4  ◀ 変数numに4を代入する
```

実は、Pythonに用意されている代入演算子は「=」だけではありません。単純な計算を行って変数の値を変更したいときに便利な代入演算子を紹介しましょう。

たとえば「+=」という代入演算子を使うと、変数の値に足し算をして、結果をその変数にあらためて代入できます。

次の例は、+演算子と=を使用して変数numの値に3を加え、再び変数numに代入しています。

```
>>> num = 4
>>> num = num + 3 ◀①
```

①は代入演算子「+=」を使用すると、次のようにシンプルに記述できます。

```
>>> num = 4
>>> num += 3
```

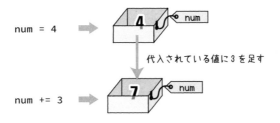

num = 4

代入されている値に3を足す

num += 3

代入演算子は「=」や「+=」以外にもさまざまな種類があります。「=」以外の主な代入演算子は次の表のようになります。

主な代入演算子

演算子	例	説　明
+=	a += b	a = a + bと同じ
-=	a -= b	a = a - bと同じ
*=	a *= b	a = a * bと同じ
/=	a /= b	a = a / bと同じ
%=	a %= b	a = a % bと同じ

これらの代入演算子を実際に使ってみましょう。

+= を使用した加算

```
>>> num = 10
>>> num += 5     「num = num + 5」と同じ
>>> num
15
```

-= を使用した減算

```
>>> num -= 3     「num = num - 3」と同じ
>>> num
12
```

*= を使用した乗算

```
>>> num *= 4     「num = num * 4」と同じ
>>> num
48
```

/= を使用した除算

```
>>> num /= 2    「num = num / 2」と同じ
>>> num
24.0
```

%= を使用した剰余

```
>>> num %= 7    「num = num % 7」と同じ
>>> num
3.0
```

　画面に表示しているのはすべて変数numですが、代入演算子によって計算によって値が変わっていることがわかります。

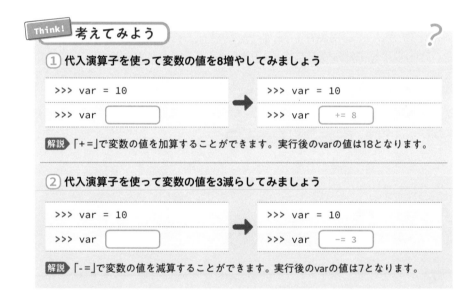

Think! **考えてみよう**

① 代入演算子を使って変数の値を8増やしてみましょう

```
>>> var = 10                          >>> var = 10
>>> var [        ]                     >>> var [ += 8 ]
```

解説 「+=」で変数の値を加算することができます。実行後のvarの値は18となります。

② 代入演算子を使って変数の値を3減らしてみましょう

```
>>> var = 10                          >>> var = 10
>>> var [        ]                     >>> var [ -= 3 ]
```

解説 「-=」で変数の値を減算することができます。実行後のvarの値は7となります。

文字列に代入演算子を使用する

変数に代入されている文字列に対しても「+=」で連結ができます。

```
>>> str1 = "こんにちは"
>>> str1 += "Python"    「str1 = str1 + "Python"」と同じ
>>> str1
'こんにちはPython'
```

同様に、「*=」で繰り返すことも可能です。

```
>>> str2 = "*"
>>> str2 *= 20    「str2 = str2 * 20」と同じ
>>> str2
'********************'
```

Think! 考えてみよう

① 代入演算子を使って、変数str1の末尾に「よい天気です。」を付け足してみましょう

```
>>> str1 = "今日は"
>>> str1
```

```
>>> str1 = "今日は"
>>> str1    += "よい天気です。"
```

解説 「+=」を使うと変数に保存されている文字列に連結できます。変数str1は「今日はよい天気です。」となります。

⑭ 基本的なデータ型を 理解しよう

Pythonで扱う値には、整数は整数型、文字列は文字列型といったデータの型があります。このセクションでは数値と文字列を表すデータ型の取り扱いについて説明しましょう。

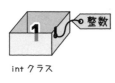

int クラス

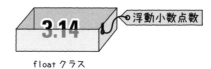

float クラス

str クラス

2種類の数値型 ── 整数型と浮動小数点数型

　数値を表すデータ型を「数値型」と呼びます。Pythonにおける数値型としては、まずは、整数を表す「**整数型（int型）**」と、小数を表す「**浮動小数点数型（float型）**」を覚えておきましょう（浮動小数点数の仕組みに興味のある方はP84のコラムを参照してください）。

　PythonではすべてのデータはオブジェクトであることはP20「Pythonはオブジェクト指向言語」で説明しましたが、整数型は**intクラスのインスタンス**、浮動小数点数型は**floatクラスのインスタンス**と表現できます。

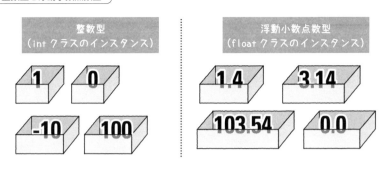

整数型と浮動小数点数型

「3.14」や「5.0」のように小数点以下の数値を記述した場合、それが「.0」であっても浮動小数点数型となります。

たとえば、「1」と「1.0」は、算数ではおなじ値です。Pythonの内部では前者は整数型、後者は浮動小数点数型となります。

```
num1 = 1    変数num1は整数型
num2 = 1.0    変数num2は浮動小数点数型
```

なお、=の右辺の「1」や「1.0」のように、プログラム内に値そのものを直接記述したものを**リテラル**と呼びます（P87「リテラルについて」参照）。リテラルの記述形式によってデータ型や値が変わります。

> 数値型には、整数型と浮動小数点数型以外に、複素数型（complex）もあります。数学の時間に学習した複素数を扱うデータ型で、高度な算術演算で使用されますが、本書では触れません。

● 型を調べるtype関数 ●

これまで、Pythonに用意されている関数としてはprint関数のみを使ってきましたが、ここで新たに、**type関数**を紹介します。type関数は、データ型を調べる関数です。ある値を引数に取り、そのデータ型（クラス名）を戻します。このとき、関数から戻される値のことを「戻り値」といいます。

type 関数

関数	戻り値	説明
type(値)	クラス名	引数のデータ型を戻す

type関数の引数に整数の値「4」を指定して実行してみましょう。

```
>>> type(4)
<class 'int'>
```

これは「**4**」が**int**というクラス（**class**）のインスタンス、つまり**整数型であること**を示しています。次に、「4.0」を指定して実行してみましょう。

```
>>> type(4.0)
<class 'float'>
```

これは「**4.0**」が**float**クラスのインスタンス、つまり**浮動小数点数型であること**を示しています。「4」と「4.0」は数としては同じですが、内部では異なる型として扱われているわけです。

type関数では、変数に代入した値の型も調べられます。

```
>>> num = 100
>>> type(num)
<class 'int'>
```

numには「100」が代入されているので、整数型のintクラスであると表示されます。

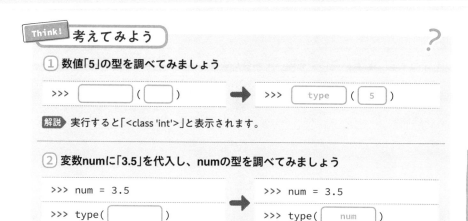

Think! 考えてみよう

① 数値「5」の型を調べてみましょう

```
>>>  [        ] ( [    ] )
```
➡
```
>>>  [ type ] ( [ 5 ] )
```

解説 実行すると「<class 'int'>」と表示されます。

② 変数numに「3.5」を代入し、numの型を調べてみましょう

```
>>> num = 3.5
>>> type( [          ] )
```
➡
```
>>> num = 3.5
>>> type( [ num ] )
```

解説 変数も値の型を調べられます。この場合は「<class 'float'>」と表示されます。

整数型と浮動小数点数型の値を計算すると

　整数型と浮動小数点数型は、データ型が異なりますが、**両者を混在させた計算は行えます**。その場合、**計算結果は必ず浮動小数点数型**になります。

　整数型の「4」と、浮動小数点数型の「5.5」を足し算する例を見てみましょう。変数numに「4」を代入した状態で型を調べると、int（整数型）と表示されます。

```
>>> num = 4
>>> type(num)
<class 'int'>
```

　次に、「5.5」を足してみます。

```
>>> num += 5.5
>>> num
9.5
>>> type(num)
<class 'float'>
```

　足し算の結果は「9.5」となり、正しく計算されています。型を調べると、float（浮動小数点数型）に変わっていることがわかります。

Think!
考えてみよう

① 「3 + 5」の計算結果の型を調べてみましょう

```
>>> type(3 + 5)
<class '        '>
```

➡

```
>>> type(3 + 5)
<class ' int '>
```

解説 3+5は整数どうしの足し算なので、結果もintとなります。

② 「3.0 + 5.0」の計算結果の型を調べてみましょう

```
>>> type(3.0 + 5.0)
<class '        '>
```

➡

```
>>> type(3.0 + 5.0)
<class ' float '>
```

解説 整数型どうしの計算結果は整数型、浮動小数点数型どうしまたは浮動小数点数型が混在した計算結果は浮動小数点数型になります。

整数型どうしの割り算は浮動小数点数型

整数型どうしで計算を行った場合、結果は割り算を除いて整数型になります。

```
>>> 5 + 3
8
>>> 10 - 4
6
>>> 10 % 3
1
>>> 4 + 5
9
```

ただし、**割り算の場合は整数型どうしでも浮動小数点数型となります**。これは値が割り切れても割り切れなくても同じです。

```
>>> 5 / 2
2.5
>>> 4 / 2
2.0
```

P57でも触れましたが、ほかのプログラミング言語では、整数どうしの割り算の結果は小数点以下が切り捨てられた整数となるものが少なくありません。**Python 3 の大きな特徴でもある**ので、覚えておきましょう。

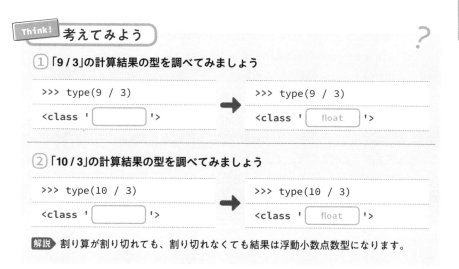

Think! 考えてみよう

① 「9 / 3」の計算結果の型を調べてみましょう

```
>>> type(9 / 3)
<class '        '>
```
➡
```
>>> type(9 / 3)
<class ' float '>
```

② 「10 / 3」の計算結果の型を調べてみましょう

```
>>> type(10 / 3)
<class '        '>
```
➡
```
>>> type(10 / 3)
<class ' float '>
```

解説 割り算が割り切れても、割り切れなくても結果は浮動小数点数型になります。

　ちょっと専門的になりますが、興味のある方のために浮動小数点数の仕組みについて基本を説明しておきましょう。

　浮動小数点数は次のような形式で表されます。

```
a × 10^b
```

　aを「仮数」、bを「指数」と呼びます。「^」はべき乗を表します。仮数はどのくらいの精度で数値を表すのかを指定する部分、指数は小数点の位置を指定する部分、といったイメージで捉えてください。たとえば、「123.456789」は「1.23456789 × 10^2」となりますし、小数点第3位以下を丸めて「123.46」という精度でよければ「1.2346 × 10^2」となります。

　なぜこのような書き方をするのかというと、小数点を持つ数値を整数部分と小数部分を別々に保存すると、必要な記憶領域が増えてしまうからです。仮に「xxxx.yyyy」のように整数部分、小数部分ともに4桁の領域に格納しようとすると、10,000以上の数値は扱えなくなりますし、小数点以下5桁以降も表せません。そこで、より大きな数値、より細かな数値を効率よく表すために浮動小数点形式を用いるわけです。

　なお、浮動小数点数の仕組みをわかりやすく説明するため、上記では10進数を用いて説明していますが、Pythonの実際の内部処理では2進数で扱われており、「10」の部分にも「2」が使われます（a × 2^b）。そのため、10進数で見るとシンプルな小数であっても、2進数で正確に表せないときは近似値となり誤差が生じます。次の例を見てみましょう。

```
>>> print(0.2+0.1)
0.30000000000000004
```

　「0.2」と「0.1」を足していますので、結果は「0.3」になるはずです。しかし、実行結果は0.3よりわずかに大きい値が表示されます。これを丸め誤差といいます。

浮動小数点数型と整数型を変換する

Pythonでは、整数型の値と浮動小数点数型の値を混在させて計算できますので、どちらの型なのかはあまり気にする必要はありません。

ただし、割り算を行って割り切れた場合に、print関数で小数点以下を表示したくないといった場合もあるでしょう。

整数型の値と浮動小数点数型の値は、**int関数およびfloat関数を使用すると相互変換**できます。

(int 関数と float 関数)

関数	戻り値	説明
int (数値または文字列)	整数	引数の値を整数にする
float (数値または文字列)	浮動小数点数	引数の値を浮動小数点数にする

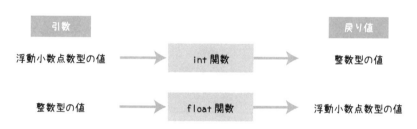

たとえば、浮動小数点数型の値「4.0」を引数にint関数を実行すると結果は整数型となります。

```
>>> num = 4.0
>>> num = int(4.0)
>>> num
4
```

注意点として、**浮動小数点数型の値を引数にint関数を実行すると小数点以下が切り捨てられます。**

```
>>> int(3.65)  ◀ 小数点以下を切り捨てる
3
```

つまり、小数点以下を切り捨てたい場合にはint関数を使用すればよいわけです。逆に、**整数型の値を浮動小数点数型に変換する場合にはfloat関数を使用します。**

```
>>> float(4)
4.0
```

考えてみよう

① 浮動小数点数型の変数「num」を整数型に変換してみましょう

```
>>> num = 3.6
>>>
```

➡

```
>>> num = 3.6
>>>   int(num)
```

解説 int(num)とすることで、整数型に変換できます。numの値は「3」になります。

② 整数型の変数「num」を浮動小数点数型に変換してみましょう

```
>>> num = 5
>>>
```

➡

```
>>> num = 5
>>>   float(num)
```

解説 float(num)とすることで、浮動小数点数型に変換できます。numの値は「5.0」になります。

文字列はstrクラスのインスタンス

続いて、数値型と並んで重要なデータ型である文字列型について復習しておきましょう。Pythonでは文字列を値として記述するのにダブルクォーテーション「"」（もしくはシングルクォーテーション「'」）で囲むのでしたね。これを文字列のリテラルといいます。

```
str1 = "こんにちは"   'こんにちは'でもOK
```

文字列型の値はstrクラスのインスタンスです。type関数で確認してみましょう。

```
>>> type(str1)
<class 'str'>
```

> COLUMN リテラルについて

プログラム内に記述した値そのものを「リテラル」といいます。日本語では「直定数」と呼ばれます。次の例を見てみましょう。

```
num1 = 15
```

「=」の左辺のnum1は変数名ですが、右辺の「15」は値そのものです。これがリテラルです。

リテラルは表記によって値が異なります。たとえば「15.0」と記述すると、浮動小数点数型になります。

```
num1 = 15.0   ← 15.0は浮動小数点数型
```

「"」または「'」で囲うと文字列になるのもリテラルです。また、先頭に「0x」を記述すると16進数、「0b」を記述すると2進数、「0o」を記述すると8進数になります。次の変数はすべて10進数の「15」が代入されます。

```
num2 = 0xf     ← 16進数の「f」
```
```
num3 = 0b1111  ← 2進数の「111」
```
```
num4 = 0o17    ← 8進数の「17」
```

浮動小数点数のリテラルの場合、数学の時間にならった「e」(もしくはE)を使用して10の何乗であるかを表す、いわゆる指数表現が使用できます。次の変数num5には「140000.0」が代入されます。

```
num5 = 1.4e5   ← 1.4 × 10の5乗
```

数値を文字列に変換する

文字列と数値は+演算子で直接連結することはできません。たとえば「2000」という整数値と文字列"年"を+演算子を連結して「"2000年"」という文字列にしようとしてもエラーになります。

```
>>> 2000 + "年"
Traceback (most recent call last):
  File "<stdin>", line 1, in <module>
TypeError: unsupported operand type(s) for +: 'int' and 'str'
```

+演算子で連結するには、左辺と右辺のデータ型を文字列に統一する必要があるからです。そのためには数値を文字列に変換する必要があります。それにはstr関数を使用します。

str 関数

関数	戻り値	説明
str(数値)	文字列	数値を文字列にする

| 引数 | | 戻り値 |

数値型の値　　　　　→　　str 関数　　　→　　数値を表す文字列

100　　　　　　　　　　　　　　　　　　　　　　　"100"

では、str関数の使用例を見てみましょう。整数値「2000」を変数yearに代入し、文字列に変換して"年"と連結しています。

```
>>> year = 2000
>>> str(year) + "年"
'2000年'
```

Think! 考えてみよう ?

① 変数ageと"歳"の文字列を連結してみましょう

```
>>> age = 35
>>> 
```

➡

```
>>> age = 35
>>> str(age) + "歳"
```

解説 実行すると「35歳」と表示されます。

● 文字列を数値に変換する ●

逆に、"45"や"3.14"のような文字列の数字を、数値型の値に変換したい場合もあります。たとえば、キーボードから入力された数字の文字列を数値として扱いたい場合などです。

それには「浮動小数点数型と整数型を変換する」(P85) で紹介したint関数、float関数を使用します。

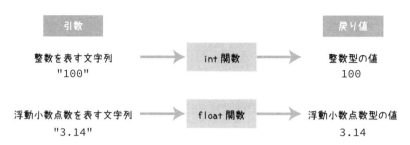

整数型への変換にはint関数、浮動小数点数型への変換はfloat関数を使用します。文字列を数値に変換して計算を行う例を見てみましょう。

```
>>> int("2000") + 3
2003
```

```
>>> float("3.14") * 4
12.56
```

なお、int関数の引数に文字列を指定する場合は、整数を表す文字列でなくてはなりません。"3.14"のような小数を含む文字列をint関数の引数にするとエラーになります。

```
>>> int("3.14")
Traceback (most recent call last):
    File "<stdin>", line 1, in <module>
ValueError: invalid literal for int() with base 10: '3.14'
```

エラーメッセージの「invalid literal for int()〜」は、int関数の引数としてリテラルの表記が不適切であるということを表しています。

Think! 考えてみよう ?

① 「175」という文字列を整数に変換してみましょう

```
>>> ▢("175")   ➡   >>> int("175")
```

② 「26.5」という文字列を浮動小数点数に変換してみましょう

```
>>> ▢("26.5")   ➡   >>> float("26.5")
```

解説 int関数は文字列を整数型に、float関数は浮動小数点数型に変換します。

input関数でユーザーが入力した文字列を読み込む

では、**実際にプログラム上で文字列を数値に変換する必要があるケース**について見てみましょう。P72ではドルの値から円の値を求めるプログラム「dollar_to_yen1.py」を紹介しました。これを変更してドルの値をキーボードから入力するようにしてみましょう。

ユーザーがキーボードから入力した文字列を読み込むには**input関数を使用します**。

input 関数

関数	戻り値	説明
input(プロンプト文字列)	文字列型	ユーザーがキーボードから入力した文字列を返す

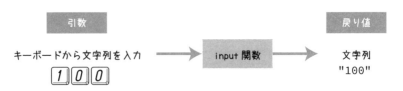

まずは、input関数をインタラクティブモードで試してみましょう。引数にはプロンプトとして表示したい文字列を指定しますので、ここでは「"入力してください: "」と表示して、入力された文字列を変数sに代入する例を見てみます。

```
>>> s = input("入力してください: ")    input関数を使用
入力してください: こんにちは    「こんにちは」と入力してEnterキーを押す
>>> s    変数sを表示
'こんにちは'
```

　input関数の戻り値は文字列型です。数値を入力しても、プログラム上で数値として扱うにはfloat関数やint関数で数値型に変換しなくてはなりません。

　では、キーボードからドルの金額を入力しそれを円の金額に換算して表示するプログラム「dollar_to_yen2.py」を見てみましょう。

(dollar_to_yen2.py)

```
rate = 109.5
dollar = input("ドルの金額は？: ")    ①
dollar = float(dollar)    ②
print("円の金額: ", dollar * rate)    ③
```

　①でinput関数を使用してプロンプトとして「ドルの金額は？: 」と表示し、ユーザーがキーボードで入力したドルの金額を変数dollarに代入しています。

　②でfloat関数を使用して変数dollarの値を浮動小数点数型に変換し、再び変数dollarに代入しています。

　③で変数rateの値と変数dollarの値を掛けて円の金額を求め、print関数で表示しています。

　なお、関数の引数に別の関数を記述することもできます。①②は次のように1行で記述することもできます。

```
dollar = float(input("ドルの金額は？: "))
```

(実行結果)

ドルの金額は？: 45 [Enter]

円の金額:　4927.5

① キーボードで入力された整数の末尾に、「円」を付けて表示するプログラムをつくりましょう

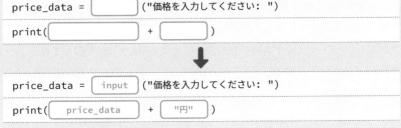

```
price_data =          ("価格を入力してください: ")
print(          +          )
```

↓

```
price_data =  input  ("価格を入力してください: ")
print( price_data  +  "円" )
```

解説 この場合は入力された文字列に「円」を付けるだけなので、入力された文字列を数値に変換する必要はありません。

② 価格を入力すると、税込価格を表示するプログラムをつくりましょう

```
tax_excluded =          (input("税抜き価格を入力してください: "))
```
入力された数字を整数型に変換

```
tax_included =          (tax_excluded * 1.1)
```
税率を掛けて、浮動小数点数型を整数型に変換

```
print("税込価格は、" +          (          ) + "円です")
```
税込価格を文字列型に変換して、文字列を結合

↓

```
tax_excluded =  int  (input("税抜き価格を入力してください: "))
tax_included =  int  (tax_excluded * 1.1)
print("税込価格は、" +  str  ( tax_included ) + "円です")
```

解説 このプログラムでは、入力された文字列をもとに計算する必要があるため、入力文字列を整数型もしくは浮動小数点数型に変換する必要があります。今回は税抜き価格なので、1行目で整数型に変換しています。
税率は1.1なので、税抜価格と掛けた値は浮動小数点数型になりますが、価格は整数値になるので、2行目で再度整数型に変換して小数点以下を切り捨てています。
3行目で結果を表示する際は、文字列と結合するため、計算結果を文字列型に変換しています。

Chapter 4

文字列とオブジェクト
の基本操作

Pythonでは、すべての値がオブジェクト、つまりクラ
スから生成されたインスタンスです。このChapterで
は、まずオブジェクトとしての文字列の操作について
解説します。そのあとで、標準ライブラリーとして用
意されている基本的なオブジェクトの操作を見ていき
ましょう。

01 文字列の基本操作を覚えよう

ここでは、オブジェクトとしての文字列の基本的な操作を解説します。まずは、文字列に対してメソッドの使用法や、文字列から指定した位置の文字を取り出す方法などについて説明します。

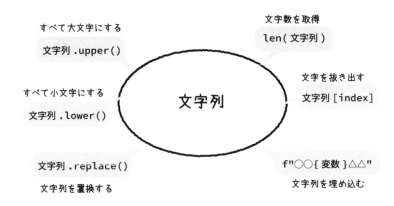

文字列にメソッドを実行する

「Pythonはオブジェクト指向言語」(P20) でも触れたように、クラスから生成したオブジェクトのことを**インスタンス**と呼びます。Pythonでは**文字列はstrクラスから生成したインスタンスとして扱われます。**このため、たとえば大文字を小文字にするメソッド、文字列を置換するメソッドなど、文字列の操作用に用意されているさまざまなstrクラスのメソッドが実行できます。

> 文字列のことを英語で「Character String」といいます。str は「String」の略で、プログラミングの世界ではよく使われる略称です。

メソッドを実行するときは、次のような書式で書きます。

(メソッドの書き方)

```
変数名.メソッド(引数1，引数2，....)
```

インスタンスを格納した変数名とメソッドをピリオド「.」で接続します。関数と同じく「( )」内に引数を記述します。引数が複数指定できる場合は、カンマ「,」で区切ります。メソッドによっては結果を値として返します。その値のことを「戻り値」といいます。

つまり、メソッドは何らかの値を引数として受け取り、処理を行って結果を戻り値として返します。

メソッドの引数と戻り値

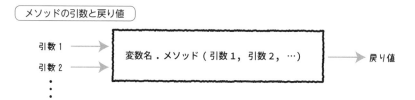

関数と同じく、引数の数はメソッドによって異なります。引数のないメソッドもあります。また戻り値のないメソッドもあります。関数との違いは、「メソッド(変数名)」という書き方にはならない点です。

引数のないメソッドの例

まず、strクラスのメソッドの中で引数のないメソッドの例として、**アルファベットの文字列をすべて大文字にして新たなインスタンスとして返すupperメソッド**を紹介しましょう。

upper メソッド

メソッド	説明
upper()	文字列を大文字に変換して返す

変数str1に格納されている文字列を大文字に変換して、変数str2に代入する例を見てみます。

```
>>> str1 = "Python入門"
>>> str2 = str1.upper()
>>> print(str2)
PYTHON入門
```

このとき、**upperメソッドはもとのインスタンスの中身を変更することはありません**。新たなインスタンスを生成して戻します。

変数str1の値を表示してみると、もとのままであることが確認できます。

```
>>> print(str1)
Python入門
```

upperメソッドとは逆に、**アルファベットの文字列を小文字にして返すメソッドにlowerメソッドがあります。**

(lower メソッド)

メソッド	説明
lower()	文字列を小文字に変換して返す

変数str1に代入した文字列を小文字に変換してprint関数で表示する例を見てみましょう。

```
>>> str1 = "HELLO Python"
>>> print(str1.lower())
hello python
```

なお、upperメソッドとlowerメソッドは半角のアルファベットだけでなく、全角のアルファベットにも有効です。

```
>>> str1 = "Ｐｙｔｈｏｎ"    全角の"Ｐｙｔｈｏｎ"
>>> str1.upper()
'ＰＹＴＨＯＮ'
```

① 変数「**str1**」に格納されている文字列を大文字に変換し、表示してみましょう

```
>>> str1 = "this is a pen."
>>> print(                    )
```

⬇

```
>>> str1 = "this is a pen."
>>> print(  str1.upper()  )
```

解説 実行すると「THIS IS A PEN.」と表示されます。upper(str1)とはならない点に注意しましょう。

② 変数「**str2**」に格納されている文字列を小文字に変換し、表示してみましょう

```
>>> str2 = "THIS IS A PEN."
>>> print(                    )
```

⬇

```
>>> str2 = "THIS IS A PEN."
>>> print(  str2.lower()  )
```

解説 実行すると「this is a pen.」と表示されます。こちらもlower(str2)とはならない点に注意しましょう。

引数のあるメソッドの例

次にstrクラスに用意されている引数のあるメソッドの例を示しましょう。**文字列内の、ある文字列を別の文字列で置換して新たなインスタンスとして返すメソッドに、replaceメソッドがあります。**

(replace メソッド)

メソッド	説明
replace(文字列1, 文字列2)	文字列内の文字列1を文字列2に置換して返す

変数langに格納されている文字列の「Java」を「Python」に変換する例を見てみましょう。

```
>>> lang = "Java Java Python Java"
>>> lang.replace("Java", "Python")
'Python Python Python Python'
```

replaceメソッドは複数の文字列が見つかった場合はすべて置換します。この例ではすべての「Java」が「Python」に置換されています。

Think! 考えてみよう ❓

① 変数「str1」に格納されている文字列内の「こんにちは」を「こんばんは」に置き換えて、表示してみましょう

```
>>> str1 = "こんにちは、はじめまして。"
>>> print(                              )
こんばんは、はじめまして
```

⬇

```
>>> str1 = "こんにちは、はじめまして。"
>>> print( str1.replace("こんにちは", "こんばんは") )
こんばんは、はじめまして
```

解説 文字列は英語だけでなく、日本語でも置き換えることができます。

② 変数「str2」に格納されている文字列内の「is」を「was」に置き換えて、表示してみましょう

```
>>> str2 = "This is a pen."
>>> print(                          )
Thwas was a pen.
```

⬇

```
>>> str2 = "This is a pen."
>>> print(    str2.replace("is", "was")    )
Thwas was a pen.
```

解説 実行すると、「This」の「is」も置き換えられています。このようにreplaceメソッドは機械的に文字列の置き換えを行います。単語や文節といった意味を解釈しませんので、使用時には注意しましょう。

メソッドは「.」でつないで連続実行できる

strクラスのメソッドの多くは、文字列、つまりstrクラスのインスタンスを生成して戻します。この性質を利用すると、**後ろに「.メソッド(〜)」とつないでいくことで、複数のメソッドを連続実行できます。**

メソッドを.でつなぐ書き方

変数.メソッド1(〜).メソッド2(〜).メソッド3……

次の例では、変数langに格納された文字列に対して、まずreplaceメソッドを使用して文字列を置換し、そのあとでupperメソッドで大文字に変換しています。

```
>>> lang = "Java Java Python Java"
>>> lang.replace("Java", "Python").upper()
'PYTHON PYTHON PYTHON PYTHON'
```

● 文字列に直接メソッドを実行する ●

ここまでの例では変数に格納された文字列にメソッドを実行していましたが、ダブルクォーテーション「"」やシングルクォーテーション「'」で囲まれた文字列、つまり**文字列リテラルに直接メソッドを実行することもできます。**

```
>>> "hello python".upper()
'HELLO PYTHON'
```

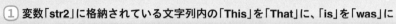
① 変数「str2」に格納されている文字列内の「This」を「That」に、「is」を「was」に置き換えて、すべて小文字で表示してみましょう

```
>>> str2 = "This is a pen."
>>> print(                                              )
that was a pen.
```

```
>>> str2 = "This is a pen."
>>> print( str2.replace("This", "That").replace("is", "was").lower() )
that was a pen.
```

解説 メソッドは.でつなぐことで複数のメソッドを連続使用できます。なお、printは関数なので、最後に.print()とつけて画面に表示させるといった使い方はできず、エラーになります。

文字列の文字数はlen関数で調べる

　ここからは、strクラスのメソッド以外の文字列に関する処理も見ていきます。文字列の文字数を調べたいことはよくあります。ただし、Pythonには文字列の長さを返すメソッドはありません。**文字列の文字数を取得するときはlen関数を使用します。**

len 関数

関数	戻り値	説明
len(文字列)	整数型	文字列の文字数を返す

len関数の使い方を見てみましょう。

```
>>> s = "Python"
>>> len(s)
6
```

関数なので、s.len()といった使い方はできません。もちろん、日本語の文字列の長さも求めることができます。

```
>>> len("こんにちは")
5
```

Think! 考えてみよう

① 文字列「**This is a pen.**」の文字数を表示してみましょう

```
>>> print(      ("This is a pen."))
14
```

⬇

```
>>> print( len ("This is a pen."))
14
```

解説 文字列の文字数はlen関数で取得できます。

② 変数「**str1**」に格納されている文字数を表示してみましょう

```
>>> str1 = "こんにちは、はじめまして。"
>>> print(                )
13
```

⬇

```
>>> str1 = "こんにちは、はじめまして。"
>>> print( len(str1) )
13
```

解説 len関数で取得した文字列の文字数には、「 」(スペース)、「,」(カンマ)、「.」(ピリオド)、「、」(読点)、「。」(句点)なども含みます。

COLUMN **関数とメソッドはなにが違う？**

　みなさんの中には「len関数のような関数と、replaceメソッドのようなメソッドはなにが違うの？」という疑問をもった方も多いかもしれません。実はPythonでは、関数とメソッドに本質的な違いはありません。関数のうち、クラス内で定義されており、基本的にインスタンスに対してなんらかの処理を行うものをメソッドと呼びます。

　これまでにも何度か触れていますが、両者は呼び出し方の違いで区別できます。

関数：「関数名(〜)」のように単独で呼び出せる

```
print("hello")
```
print関数

```
a = len("hello")
```
len関数

メソッド：「インスタンス名.メソッド名(〜)」の形式で呼び出し、
　　　　　　インスタンスに対して処理を行う

```
s2 = s.upper()
```
upperメソッド

```
s2 = s.replace("Python", "Java")
```
replaceメソッド

文字列から文字を取り出す

　文字列から、最初の文字や最後の文字など、**指定した位置の1文字を取り出したいことがあります**。この場合は次のような書式で取得できます。

インデックスの書き方

```
変数名[インデックス]
```

　変数名のあとに「[インデックス]」を記述します。「インデックス」は最初の文字を「0」とする整数値です。

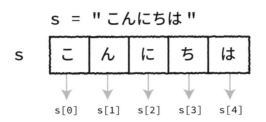

s = "こんにちは"

s | こ | ん | に | ち | は

s[0] s[1] s[2] s[3] s[4]

文字列"こんにちはPython"を代入した変数sから、最初と最後の文字を取り出す例を見てみましょう。

```
>>> s = "こんにちはPython"
>>> s[0]
'こ'
>>> s[10]
'n'
```

sは11文字なので、最初の文字はs[0]、最後の文字はs[10]で取り出せます。

Think! 考えてみよう ?

① 変数str1の最後の文字を表示してみましょう

```
>>> str1 = "This is a pen."
>>> print(        )
.
```
➡
```
>>> str1 = "This is a pen."
>>> print( str1[13] )
.
```

解説 インデックスは最初の文字（1番目の文字）を0とするため、最後に当たる14番目の文字のインデックスは13です。なお、「str1[14]」と、文字列の文字数よりも大きい数値をインデックスに指定するとエラーになります。

● 最後の文字のインデックスは？ ●

先ほどの例では、最後の文字を取り出すのに「s[10]」と、インデックスに数値を直接指定していました。この方法では文字列の長さが異なる場合、文字数を数えて数値を変更しなければなりません。

その代わりに**len()関数で文字数を求め、そこから1を引く**ことでも最後の文字を指定できます。こうすることで、どのような長さの文字列でも最後の文字を取り出せます。

```
>>> s = "令和元年"
>>> s[len(s) - 1]
'年'
```

文字列の長さが変わっても、インデックスの書き方は変わりません。

```
>>> s = "Python入門"
>>> s[len(s) - 1]     文字列の長さが変わっても同じ
'門'
```

● 逆からインデックスを指定する ●

インデックスには**負の値も指定**できます。「−1」とすると最後の文字、「−2」とすると最後から2番目の文字になります。

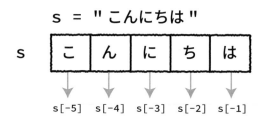

このため、前述の例ではlen関数の値から1を引いた値をインデックスとして指定しましたが、単に次のように指定しても最後の文字を取り出せます。

```
>>> s = "令和元年"
>>> s[-1]     最後の文字を指定
'年'
```

インデックスに負の値を使ったときは、最初の文字は「−文字数」という形で指定できます。len関数を使用すると次のようになります。

```
>>> s[-len(s)]    ◀ 最初の文字を指定
'令'
```

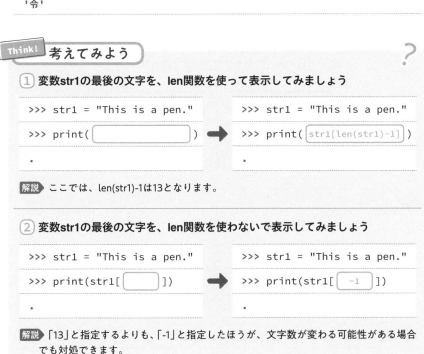

Think! **考えてみよう**

1 **変数str1の最後の文字を、len関数を使って表示してみましょう**

```
>>> str1 = "This is a pen."
>>> print(                    )
·
```
➡
```
>>> str1 = "This is a pen."
>>> print( str1[len(str1)-1] )
·
```

解説 ここでは、len(str1)-1は13となります。

2 **変数str1の最後の文字を、len関数を使わないで表示してみましょう**

```
>>> str1 = "This is a pen."
>>> print(str1[        ])
·
```
➡
```
>>> str1 = "This is a pen."
>>> print(str1[   -1   ])
·
```

解説 「13」と指定するよりも、「-1」と指定したほうが、文字数が変わる可能性がある場合でも対処できます。

スライスで文字列から指定した範囲の文字列を取り出す

「変数名[インデックス]」では、インデックスで指定した位置の1文字が取り出されました。指定した範囲の文字列を抜き出すときは、「スライス」と呼ばれる書き方を使います。

(スライスの書き方)

変数名[最初の文字のインデックス：最後の文字のインデックス ＋ 1]

最初の文字はその文字のインデックスを指定し、コロン「:」で区切って、最後の文字はその次の文字のインデックス、つまり「**最後の文字のインデックス ＋ 1**」で指定します。すこしややこしいですが、抜き出す文字列の範囲は「この文字からこの文

字まで」ではなく、「この文字からこの文字の前まで」という形で指定すると考えましょう。この場合もインデックスは先頭の文字を0とする点に注意してください。

たとえば、"0123456789"という文字列から"345"を取り出したい場合には、変数名の後に[3:6]を記述します。

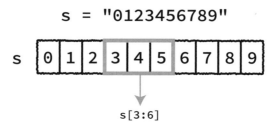

インタラクティブモードで試してみましょう。

```
>>> s = "0123456789"
```
```
>>> s[3:6]
```
```
'345'
```

インデックスにマイナスの値を指定することもできます。 2番目の文字から最後の文字のひとつ前までを取り出すには次のようにします。

```
>>> s[1:-1]
```
```
'12345678'
```

なお、最後の文字まで取り出したい場合については、次項で解説します。

Think! **考えてみよう** ?

1 変数strの5番目の文字（str1[4]）から10番目の文字（str1[9]）までを表示してみましょう

```
>>> str1 = "PythonProgramming"
```
```
>>> print(          )
```
```
onProg
```

⬇

```
>>> str1 = "PythonProgramming"
>>> print( str1[4:10] )
onProg
```

解説 ▶ 最後の文字は「インデックス+1」で指定する点に注意しましょう。

スライスで最初の文字位置、最後の文字位置を省略する

スライスの指定で、最初の文字位置を省略することができます。

最初の文字位置を省略した書き方

変数名[:最後の文字のインデックス + 1]

この場合、先頭文字から指定した位置までが取り出されます。

```
>>> s = "0123456789"
>>> s[:6]
'012345'
```

逆に、最後の文字位置を省略した場合には、指定した位置から最後の文字までが取り出されます。

最後の文字位置を省略した書き方

変数[最初の文字のインデックス:]

```
>>> s = "0123456789"
>>> s[3:]
'3456789'
```

① 変数str1の先頭から4番目の文字(str1[3])までを表示してみましょう

```
>>> str1 = "PythonProgramming"
>>> print(          )
```

⬇

```
>>> str1 = "PythonProgramming"
>>> print( str1[:4] )
```

解説 実行すると「Pyth」と表示されます。抜き出す終端の文字は「インデックス＋1」で指定します。

② 変数str1の6番目(str1[5])から最後の文字までを表示してみましょう

```
>>> str1 = "PythonProgramming"
>>> print(          )
```

⬇

```
>>> str1 = "PythonProgramming"
>>> print( str1[5:] )
```

解説 実行すると「nProgramming」と表示されます。抜き出す開始文字はインデックスそのままで指定します。

●文字列に対して直接インデックスやスライスを指定する●

クォーテーションで囲まれた文字列、つまり文字列リテラルにインデックスやスライスを指定して、文字列を取り出すこともできます。

```
>>> "0123456789"[3]
'3'
>>> "0123456789"[1:8]
'1234567'
```

Ｇ インデックスやスライスで指定した位置の値を取得できるデータ型のことをシーケンス型といいます(P226)。シーケンス型には文字列のほかに、リスト(P212)やタプル(P223)があります。

●コンストラクタで文字列を生成する●

さて、文字列の場合、ダブルクォーテーション「"」やシングルクォーテーション「'」で囲んでリテラルとして記述することでインスタンスが生成されました。そのように生成できるのは文字列や数値といった、基本的なデータ型だけです。**多くのオブジェクトは「コンストラクタ」と呼ばれる特別な関数によってインスタンスを生成します。**

文字列もコンストラクタによって生成することができます。コンストラクとは**インスタンスを生成するための特別な関数**で、**コンストラクタの関数名はクラス名と同じ**です。

文字列はstrクラスですからコンストラクの名前もstrです。コンストラクタのstrは、実は前にも出てきています。P87の「数値を文字列に変換する」では、数値を文字列に変換する際にstr関数を使用しました。実はこのstr関数は、数値を引数にとってstrクラスのインスタンスを生成するコンストラクタだったわけです。

次の例ではstr関数の引数に「10」を指定して整数を文字列に変換していますが、コンストラクタとして挙動を詳しく見ると、**数値の10を引数にstrコンストラクタを実行し、strオブジェクト、つまりstrクラスのインスタンスを生成している**ことになります。

(str コンストラクタ)

```
>>> s = str(10)
>>> s
'10'
```

同様に、**int関数は整数を生成するintコンストラクタ、float関数は浮動小数点数を生成するためのfloatコンストラクタ**です。

(int コンストラクタ)

```
>>> num1 = int("10")
>>> num1
10
```

float コンストラクタ

```
>>> num2 = float("3.14")
>>> num2
3.14
```

　文字列の場合は'～'で囲まれて表示されるので、ここでは数値として扱われていることがわかります。

Think! 考えてみよう

① コンストラクタの役割を覚えましょう

コンストラクタは [　　　　　　] を生成するための特別な関数です。

⬇

コンストラクタは [インスタンス] を生成するための特別な関数です。

解説 コンストラクタはクラスのインスタンスを生成する関数です。

② コンストラクタの名前について理解しましょう

コンストラクタの名前は [　　　　　　] の名前と同じです。

⬇

コンストラクタの名前は [クラス] の名前と同じです。

解説 コンストラクタの関数名はクラス名と同じです。クラスとコンストラクタについては、次セクションで使用例を詳しく見ていきます。

文字列に別の値を埋め込むフォーマット文字列

　文字列に、別の文字列や数値を埋め込むこともできます。その方法はいくつかありますが、一番シンプルな「フォーマット文字列」というやり方を覚えておきましょう。

最初に「f」を記述しその後ろに文字列を記述します。

(フォーマット文字列の書き方)

```
f"文字列{値}文字列"
```

「F」と大文字で書いてもかまいません。

```
F"文字列{値}文字列"
```

こうすると文字列内の「{値}」とした部分が値に置き換わります。値には変数を指定できます。次の例は変数yearを文字列に埋め込んでいます。

```
>>> year = 2020
>>> s = f"今年は{year}年です"
>>> s
'今年は2020年です'
```

{ }内には**計算式も記述できます。**

```
>>> s = f"来年は{year + 1}年です"
>>> s
'来年は2021年です'
```

ひとつのフォーマット文字列内に**複数の「{値}」**を記述してもかまいません。

```
>>> name = "田中一郎"
>>> age = 20
>>> s = f"{name}さん、年齢は{age}歳"
>>> s
'田中一郎さん、年齢は20歳'
```

なお、" "（ダブルクオーテーション）の代わりに' '（シングルクオーテーション）で囲んでも、同様に動作します。

① 変数num1とnum2の足し算の結果を表示してみましょう

```
>>> num1 = 7
>>> num2 = 8
>>> print(        "num1とnum2の和は{                }です。")
```

⬇

```
>>> num1 = 7
>>> num2 = 8
>>> print(   f   "num1とnum2の和は{   num1 + num2   }です。")
```

解説 f"文字列{値}"のフォーマット文字列では値に計算式も記述できます。

② 2つの数字を入力し、掛け算の結果を表示するプログラムをつくってみましょう

```
num1 = int(input("1目の数字を入力してください: "))
num2 = int(input("2つ目の数字を入力してください: "))
print(f"{num1}と{num2}の積は{                }です。")
```

⬇

```
num1 = int(input("1目の数字を入力してください: "))
num2 = int(input("2つ目の数字を入力してください: "))
print(f"{num1}と{num2}の積は{   num1 * num2   }です。")
```

解説 input関数で入力された値は文字列になります。そのため、計算させるためにintコンストラクタで整数型に変換してから変数num1、num2に格納している点に注意しましょう。

●桁数を指定する●

「{値}」は次の形式で記述することで、フォーマット文字列に埋め込む値の書式を設定できます。

値の書式を設定する場合の書き方

```
{値:書式}
```

たとえば、「**:.桁数f**」を指定することにより小数点以下の桁数を指定できます。「1 / 3」の結果を小数点以下3桁で表示する例を見てみましょう。

```
>>> num = 1 / 3
>>> num
0.3333333333333333   ← 桁数が多い
>>> f"{num:.3f}"   ← 小数点以下3桁まで表示
'0.333'
```

ほかにも次のような書式があります。

値の書式の例

書式	意味	例	表示結果
:.桁数f	小数点以下の桁数を表示	0.532:.2f	'0.53'
:e	指数で表示	0.532:e	'5.320000e-01'
:%	パーセントで表示	0.532:%	'53.200000%'
:数字	最小の表示桁数を指定	0.532:10	' 0.532'
:b	2進数で表示	46:b	'101110'
:x	16進数で表示	46:x	'2e'

「:数字」とする際に、数字の前に何も付けないか>を付けると右詰め、<を付けると左詰め、^を付けると中央寄せになります。複数行の文字列を出力するときに、縦位置を揃える際に利用します。

```
'      0.53'   ← f"{0.53:>10}"
'   0.53   '   ← f"{0.53:^10}"
'0.53      '   ← f"{0.53:<10}"
```

1 変数numを小数点以下10桁まで表示してみましょう

```
>>> num = 1 / 23
>>> print(f"{          }")
```

↓

```
>>> num = 1 / 23
>>> print(f"{ num:.10f }")
```

解説 実行すると、「0.0434782609」と表示されます。小数点以下の桁数を指定する際、指定した桁の次の桁を丸めることで、指定した桁に収められます。

●ユーザーが入力した平成年を数値に変換する●

　intコンストラクタ（int関数）と、フォーマット文字列の使用例として、ユーザーが入力した平成の年を西暦の年に変換して表示する例を見てみましょう。なお、ここではプログラムをシンプルにするために平成年の範囲のチェックは行っていません。

`heisei_to_seireki1.py`

```
heisei_str = input("平成年は？ ")  ①
heisei = int(heisei_str)  ②
print(f"平成{heisei}年は西暦{heisei + 1988}年です")  ③
```

　①でinput関数を使用してキーボードから読み込んだ平成年を、変数heisei_strに代入しています。heisei_strは文字列ですので、②でintコンストラクタにより整数に変換し、変数heiseiに代入しています。

　③でフォーマット文字列を使用して、平成年と西暦を表示しています。西暦は平成年の値に1988を足すことで求めています。

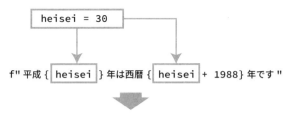

" 平成 30 年は西暦 2018 年です "

実行結果

平成年は？　30

平成30年は西暦2018年です

Think! 考えてみよう ?

1 令和年を入力すると西暦年を表示するプログラムをつくってみましょう

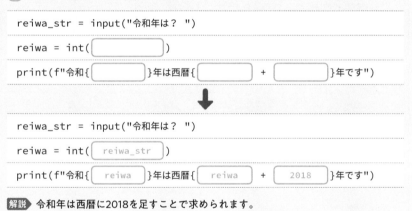

```
reiwa_str = input("令和年は？  ")
reiwa = int(        )
print(f"令和{      }年は西暦{        }  +  {        }年です")
```

↓

```
reiwa_str = input("令和年は？  ")
reiwa = int( reiwa_str )
print(f"令和{ reiwa }年は西暦{ reiwa }  +  2018 }年です")
```

解説 令和年は西暦に2018を足すことで求められます。

クラス名と同じ名前の変数を定義しない

　Pythonでは変数名をクラス名や関数名と同じ名前にすることも許容されています。ただし、そうした場合には変数名が優先され、同じ名前のコンストラクタや関数が使用できなくなるので注意してください。

```
>>> str = "こんにちは"    変数strに値を代入
>>> str(3)    strコンストラクタが使用できない
Traceback (most recent call last):
  File "<stdin>", line 1, in <module>
TypeError: 'str' object is not callable


>>> print = "猫に小判"    変数printに値を代入
>>> print("hello")    print関数が使用できない
Traceback (most recent call last):
  File "<stdin>", line 1, in <module>
TypeError: 'str' object is not callabl
```

　del文（P67参照）で変数を削除すると使用できるようになります。

```
>>> del str    変数strを削除
>>> str(3)    strコンストラクタが使用できるようになった
'3'
>>> del print    変数printを削除
>>> print("hello")    print関数が使用できるようになった
hello
```

02 標準ライブラリーと オブジェクトの基本操作について

Pythonには標準でさまざまなクラスや関数が標準ライブラリーのモジュールとして用意されています。このセクションではモジュールを使用する方法について説明します。

標準ライブラリーの構成

標準ライブラリー

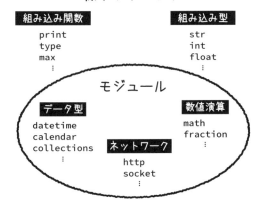

組み込み関数
```
print
type
max
 ⋮
```

組み込み型
```
str
int
float
 ⋮
```

モジュール

データ型
```
datetime
calendar
collections
 ⋮
```

数値演算
```
math
fraction
 ⋮
```

ネットワーク
```
http
socket
 ⋮
```

標準ライブラリーについて

　プログラミングの世界では、関数やクラスなどソフトウェアの部品をまとめて、プログラムから利用できるようにしたものを「**ライブラリー**」と呼びます。Pythonには、あらかじめ「標準ライブラリー」として、さまざまなソフトウェア部品が用意されています。たとえば、これまで使用してきたprintやtypeといった関数は「**組み込み関数**」、整数（intクラス）や文字列（strクラス）などは「**組み込み型**」に分類され、Pythonのインタプリターに組み込まれています。その他にも、さまざまなソフトウェア部品が「モジュール」として用意されています。

標準ライブラリーのモジュールを使用する

標準ライブラリーに用意されている要素のなかで、組み込み型と組み込み関数はなにもせずに利用可能です。

それ以外のモジュールは、使用する前に「インポート」（読み込み）という操作をしておく必要があります。

モジュールのインポートには**import文**を使用します。

モジュールのインポートの書き方

```
import モジュール名
```

たとえば、日付時刻の操作に関するクラスがまとめられたモジュールにdatetimeモジュールがあります。これをインポートするには次のようにします。

```
import datetime
```

これで、datetimeモジュール内のクラスには次の形式でアクセスできます。

```
datetime.クラス名
```

dateクラスを使ってみよう

datetimeモジュールには、日付や時刻を管理するためのさまざまなクラスが用意されています。

datetime モジュールのクラス

datetime モジュール

```
date クラス
time クラス
datetime クラス
timedelta クラス
tzinfo クラス
timezone クラス
```

ここでは、datetimeモジュールに用意されているクラスの中で、**日付データのみを扱うdateクラスを例に、インスタンスの生成とメソッドの実行について復習**しましょう。

前セクションで解説したように、インスタンスの生成は、コンストラクタと呼ばれる特別な関数によって行います。コンストラクタの名前はクラス名と同じです。datetimeモジュールをインポートした場合、**dateコンストラクタは「datetime.date」の形式で指定します。**

ある日付を管理するdateクラスのインスタンスを生成するには、dateコンストラクタの引数に年、月、日の値を、整数値として指定します。次の例を見てみましょう。

(date1.py)

```
import datetime  ①
date1 = datetime.date(2020, 10, 2)  ②
print(date1)  ③
```

　①でdatetimeモジュールをインポートしています。②でdateコンストラクタを使用して、「2020年10月2日」の日付を管理するdateオブジェクトを生成し、変数date1に代入しています。

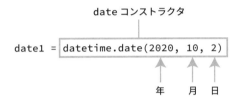

　③でprint関数で変数date1の値表示しています。このようにdateオブジェクトをprint文の引数にして実行すると、**日付が「yyyy-mm-dd」(西暦年4桁-月2桁-日2桁)の形式で表示されます**。

(実行結果)

```
2020-10-02
```

　インタラクティブモードでも、import文でモジュールをインポートできます。

```
>>> import datetime
>>> d1 = datetime.date(2021, 9, 3)
>>> print(d1)
2021-09-03
```

① モジュールを使うための方法を覚えましょう

| 標準ライブラリーのモジュールを使うためには、 | | 文を使います |

↓

| 標準ライブラリーのモジュールを使うためには、 | import | 文を使います |

解説 組み込み型や組み込み関数と違い、モジュールはインポートしないと使用できません。

② 「2000年12月31日」を表すdateクラスのインスタンスを生成してみましょう

```
[          ] datetime
target_date = datetime.date([          ])
print(target_date)
```

↓

```
import datetime
target_date = datetime.date( 2000, 12, 31 )
print(target_date)
```

解説 実行すると「2000-12-31」と表示されます。

クラス名だけでアクセスするには

date1.pyではdateクラスのインスタンスを生成するときに、dateコンストラクの前に「モジュール名.」が必要でした。

```
date1 = datetime.date(2020, 10, 2)
      モジュール名が必要
```

これは「import datetime」でモジュール全体をインポートしていたためです。**モジュールのインポートを次のような形式で行うと、指定したクラスのみがインポートされます。**

```
from モジュール名 import クラス名
```

こうすると、dateコンストラクタは「date」だけでアクセスできるようになります。

> **ℂ** 複数のクラスをインポートするにはカンマ「,」で区切ります。
> ```
> from モジュール名 import クラス名1, クラス名2, ...
> ```

date1.pyを、「from モジュール名 import クラス名」を使用してdateクラスのみをインポートするように変更した例を見てみましょう。

date2.py

```
from datetime import date  ①
date1 = date(2020, 10, 2)  ②
print(date1)
```

①で、「from モジュール名 import クラス名」の形式でdateクラスをインポートしています。②ではdateコンストラクにクラス名だけでアクセスしています。

Think! 考えてみよう ?

① モジュール内の指定したクラスのみを使うための方法を覚えましょう

```
from [          ] import [          ]
```
↓
```
from [ モジュール名 ] import [ クラス名 ]
```

解説 「from モジュール名」がなく、「import クラス名」だけだとクラスのインポートはできません。

---

② dateクラスのみインポートし、「2000年12月31日」を表すdateクラスのインスタンスを生成してみましょう

```
[          ] datetime [          ] date
target_date = [          ] (2000, 12, 31)
print(target_date)
```

```
from datetime import date
target_date = date (2000, 12, 31)
print(target_date)
```

解説 実行すると「2000-12-31」と表示されます。

●「from モジュール名 import クラス名」の注意点●

「from モジュール名 import クラス名」を使用してインポートする場合、**変数名などにクラス名と同じ名前をつけないように注意**してください。

前述のdate2.pyの②を変数名date1を、次のようにdateに変更したとしましょう。

date2.py の変数名を書き換えた場合

```
date = date(2020, 10, 2)   変数dateに代入
```

こうすると「date」はクラス名ではなく変数名として扱われます。仮に、このあとで再度dateコンストラクタを使用して別の日付のインスタンスを生成しようとするとエラーになります。

```
date3 = date(2020, 10, 2)   dateは変数名として扱われるのでNG
```

コンストラクタを使用しないでメソッドでインスタンスを生成する

クラスによっては、**コンストラクタを使用しないで、特別なメソッドでインスタンスを生成できるもの**があります。たとえば、dateクラスにはtodayというメソッドが用意され、今日の日付を管理するインスタンスを生成できます。

today メソッド

メソッド	戻り値	説明
today()	今日の日付のdateオブジェクト	今日の日付のdateクラスのインスタンスを生成して返す

todayメソッドには引数はありません。todayメソッドを使用して今日の日付のインスタンスを生成し、print関数で表示する例を見てみましょう。

date3.py

```
from datetime import date
today = date.today()  ①
print(today)  ②
```

①でtodayメソッドを実行して今日の日付のインスタンスを生成し、変数todayに代入しています。②でそれを表示しています。

実行結果

```
2020-04-01  実行した日付が表示されます
```

●インスタンスメソッドとスタティックメソッド●

ここで、dateクラスのtodayメソッドの実行方法をもう一度見てみましょう。

```
today = date.today()
       クラス名  メソッド名
```

todayメソッドは、インスタンスを生成せずに、「クラス名.メソッド(〜)」の形式で実行しています。このようなメソッドを「**スタティックメソッド**」もしくは「**クラスメソッド**」と呼びます。

それに対してこれまで紹介したメソッドは、生成されたインスタンスに対して実行していました。たとえば文字列 (strクラス) には大文字に変換するupperメソッド (P95) があります。upperメソッドは、あらかじめインスタンスを用意しそれに対して実行していました。

```
s1 = "hello"  変数s1にstrインスタンスを代入
s2 = s1.upper()  変数s1にupperメソッドを実行
```

このようなメソッドを「**インスタンスメソッド**」と呼びますインスタンスメソッドとスタティックメソッドの違いをまとめると次のようになります。

- **インスタンスメソッド**：インスタンスに依存するメソッド
- **スタティックメソッド**：インスタンスに依存しないメソッド

Think! 考えてみよう ?

① メソッドの違いを覚えましょう

| | ：インスタンスに依存しないメソッド |

| | ：インスタンスに依存するメソッド |

⬇

| スタティックメソッド | ：インスタンスに依存しないメソッド |

| インスタンスメソッド | ：インスタンスに依存するメソッド |

解説 スタティックメソッドはクラスメソッドとも呼びます。スタティックメソッドはインスタンスを生成しなくても「クラス名.メソッド名」の形で使用できます。

プロパティを使ってみよう

クラスによっては、**関連する値がプロパティとして用意されているものもあります**。dateクラスの場合には、次のような年、月、日の値を整数値として管理するプロパティが用意されています。

(dateクラスのプロパティ)

プロパティ	説明
year	年
month	月
day	日

これらを使用して、今日の日付を「〜年〜月〜日」のように表示する例を見てみましょう。

```
date4.py
from datetime import date
today = date.today()
print(f"{today.year}年{today.month}月{today.day}日")
```

プロパティも「インスタンス名.プロパティ」のように、インスタンスと「.」でつない
でアクセスできます。①でフォーマット文字列を使用して、year、month、dayプロ
パティの値を文字列に埋め込んで表示しています。

実行結果

```
2020年4月1日
```

●読み込み専用のプロパティ●

dateクラスのyear、month、dayプロパティは読み込み専用のプロパティです。
値を代入しようとするとエラーになります。インタラクティブモードで試してみま
しょう。

```
>>> from datetime import date
>>> today = date.today()
>>> today.year = 1959
Traceback (most recent call last):
  File "<stdin>", line 1, in <module>
AttributeError: attribute 'year' of 'datetime.date' objects is
not writable
```

①でyearプロパティに「1959」を代入しようとしてますが、「〜not writable」(書き
込み不可)というエラーになっています。

① 「2000年12月31日」を表す**date**クラスのインスタンスを生成し、年、月、日
をそれぞれ表示してみましょう

```
>>> from datetime import date
>>> target_date = [          ](2000, 12, 31)
>>> print(f"{[                    ]}年{[                    ]}月
{[                    ]}日")
```

⬇

```
>>> from datetime import date
>>> target_date = [  date  ](2000, 12, 31)
>>> print(f"{[ target_date.year ]}年{[ target_date.month ]}月
{[ target_date.day ]}日")
```

解説 「インスタンスを格納した変数名.プロパティ名」でプロパティにアクセスできます。

● 曜日はweekdayメソッドで ●

前述のように、dateオブジェクトの年、月、日の値はそれぞれyear、month、day
プロパティで取得できます。それでは曜日はどうでしょう？ 実は、**曜日はプロパ
ティではなく、weekdayというメソッドで取得**します。

(weekday メソッド)

メソッド	戻り値	説明
weekday()	整数値	曜日を、月曜日を0、火曜日を1……日曜日を6とする整数値で返す

weekdayメソッドの戻り値は、月曜日を0、火曜日を1……日曜日を6とする整数
値です。次に、今日の曜日を数値で表示する例を見てみましょう。

(date5.py)

```
from datetime import date
today = date.today()          ①
print(today.weekday())        ②
```

①でtodayメソッドにより今日の日付を生成し、②でweekdayメソッドで曜日を取得しています。

(実行結果)

0 ◀─[月曜日の場合]

なお、この例では、weekdayメソッドの結果をprint関数に渡しているため、曜日が数値で表示されます。「月曜日」のような文字列で表示する方法についてはP225の「曜日を日本語で表示する」で解説します。

Chapter 4

メソッドを「.」でつなぐことができるため、①②は次のように1文でも記述できます。

```
print(date.today().weekday())
```

[Think!] 考えてみよう ?

[1] 「2000年12月31日」を表すdateクラスのインスタンスを生成し、曜日を表示してみましょう

```
from datetime import date

target_date = [        ](2000, 12, 31)

print(target_date.[        ])
```

⬇

```
from datetime import date

target_date = [ date ](2000, 12, 31)

print(target_date.[ weekday() ])
```

解説 実行すると「6」と表示されます。これは日曜日を表します。

キーワード引数について

次に、dateクラスに用意されているインスタンスメソッドの例として、replaceメソッドを紹介しましょう。**replaceメソッドは年、月、日の値を変更したdateオブジェクトを生成して戻します。**

replaceメソッドの定義は次のようになっています。

replace メソッドの定義

```
replace(year=self.year, month=self.month, day=self.day)
```

replaceメソッドには引数が3つあり、「year」は年、「month」は月、「day」は日にちの値です。これらの引数は「year=2017」のような形式で指定します。このように**「引数名=値」の形式で指定する引数を「キーワード引数」と呼びます。**たとえば最初の引数は次のようになっています。

```
year=self.year
```

右辺を「引数のデフォルト値」といいます。この場合、年の引数を「year=値」の形式で渡すと年の値が設定されます。デフォルト値を持つ引数は省略可能です。しかし、引数を指定しなかった場合には、引数yearの値は右辺の「self.year」となります。「self」は自分自身を示す特別な変数で「self.year」で、元のオブジェクトのyearがそのまま渡されます。したがって、年の値は変更されません。

つまり、**引数のなかで変更したいyear（年）、month（月）、day（日）のみを指定すればよいわけです。**これを使用して、todayメソッドで生成したdateオブジェクトの年を「2021」に、月を「1」に変更する例を見てみましょう。

date6.py

```
from datetime import date
day = date.today()      ①
print(day)      ②
day = day.replace(year=2021, month=1)      ③
print(day)      ④
```

①で今日の日付のdateオブジェクトを生成し、変数dayに代入して②でそれを表示しています。

③でreplaceメソッドを使用しています。キーワード引数の「year=2021」で年を「2021」に、「month=1」で月を1月に指定しています。引数dayは設定していないためもとの値のままです。

```
day = day.replace(year=2021, month=1)
```
年を2021に　　月を1に

④で表示しています。このときに日にちはそのままであることに注目してください。

実行結果

```
2020-04-01    ②の結果
2021-01-01    ④の結果（年と月が変更された）
```

● 来年の今日は何曜日？ ●

replaceメソッドの使用例として、来年の今日が何曜日かを調べる例を見てみましょう。

date7.py

```
from datetime import date
day = date.today()      ①
day = day.replace(year=day.year + 1)      ②
print(day)      ③
print(day.weekday())      ④
```

①で今日の日付のdateオブジェクトを生成し変数dayに代入しています。

②でreplaceメソッドを使用して、年の値（day.year）に1を加えることで来年の今日に設定し、再び変数dayに代入しています。

```
day = day.replace(year=day.year + 1)
```
年の値を来年にする

③で変数dayを表示しています。④でweekdayメソッドで曜日を求めて表示しています。

```
2021-04-01 ── 来年の今日の日付
3 ── 来年の今日の曜日
```

Think! 考えてみよう ?

1 去年の今日の曜日を表示するプログラムを作成しましょう

```
from datetime import date

today_date = date.today()

target_date = today_date.replace(                    )

print(target_date.          )
```

↓

```
from datetime import date

today_date = date.today()

target_date = today_date.replace( year=today_date.year - 1 )

print(target_date. weekday() )
```

解説 去年の日付にする場合は、yearから1を引きます。なお、上記のコードの場合の実行結果は、実行した日によって変わります。

COLUMN Pythonのマニュアル

Python 3の日本語マニュアルは次のURLで参照できます。

```
https://docs.python.
org/ja/3/
```

複雑な計算に便利な
mathモジュール

標準ライブラリーに用意されているモジュールの例として、面倒な計算を行う関数が用意された math モジュールと、乱数を生成する random モジュールを紹介します。

mathモジュール

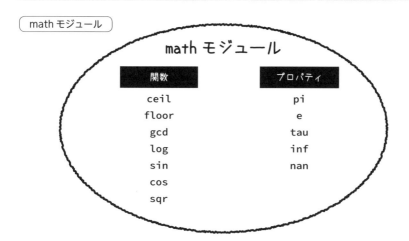

複雑な計算にはmathモジュール

ここまで、数値の計算に「+」、「−」、「*」、「/」の演算子を使ってきましたが、それらだけでは、たとえば三角関数や平方根といった計算はできません。ここではPythonに用意されている標準ライブラリーの中で、**数値の計算に特化した便利な関数が多数用意されているmathモジュール**を紹介しましょう。mathモジュールには平方根を求めるsqrt関数や、サイン値を求めるsin関数といった関数が用意されています。また、円周率piなどの計算に使用されるプロパティが用意されています。

mathモジュールの関数を使用する

mathモジュールは、次のようにしてインポートします。

```
import math
```

これでmathモジュールに用意された関数に、次のようにしてアクセスできます。

math モジュールの関数の書き方

```
math.関数名(引数1, 引数2, ...)
```

●平方根はsqrt関数で●

mathモジュールの関数の使用例として、まずは**平方根を求めるsqrt関数**を紹介しましょう。

sqrt 関数

関数	戻り値	説明
sqrt(x)	浮動小数点数	引数xの平方根を浮動小数点数として返す

インタラクティブモードでの実行例を見てみましょう。

```
>>> import math
>>> math.sqrt(4)
2.0
>>> math.sqrt(10)
3.1622776601683795
```

4の平方根は「2.0」、10の平方根は「3.1622...」と、浮動小数点数で取得できます。

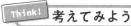

① 「5」の平方根を表示してみましょう

```
>>> import math
>>> print(                    )
```

⬇

```
>>> import math
>>> print(   math.sqrt(5)   )
```

解説 実行すると、5の平方根である「2.23606797749979」が表示されます。

●関数名だけでアクセスするには●

クラスを指定してインポートする場合と同様に、次のように**関数を指定してインポートすることもできます。**

関数を指定したインポート

```
from モジュール名 import 関数名
```

これで、**関数名だけで関数にアクセスできるようになります。**sqrt関数をインポートする例を見てみましょう。

```
>>> from math import sqrt
>>> sqrt(8)
2.8284271247461903
```

カンマ「,」で区切ることにより複数の関数をインポートすることもできます。

```
>>> from math import sqrt, pow
```

Think! 考えてみよう ?

① モジュール内の指定した関数のみを使うための方法を覚えましょう

from		import	

⬇

from	モジュール名	import	関数名

解説 たんに「import関数名」と書いただけでは使えるようにならないので注意しましょう。

② sqrt関数のみインポートし、「7」の平方根を表示してみましょう

```
>>> from          import
>>> print(          )
```

⬇

```
>>> from   math   import   sqrt
>>> print(   sqrt(7)   )
```

解説 実行すると、7の平方根である「2.6457513110645907」が表示されます。

mathモジュールの定数

　mathモジュールに用意されているのは関数だけではありません。数値演算用の定数がプロパティとして用意されています。

math モジュールのプロパティの例

プロパティ	説明
pi	円周率
e	自然対数の底

　「import math」でmathモジュールをインポートした場合、これらのプロパティは次のようにしてアクセスします。

---

math モジュールのプロパティへのアクセス

---

math.プロパティ名

● 円の面積を求める ●

たとえば円周率は3.14...ですが、**数値を直接記述するかわりに「math.pi」を使用できます。**

math.piを使用して円の面積を求めてみましょう。中学で習ったように円の面積は次の式で計算できます。

円周率 × 半径 × 半径

変数hankeiに半径が代入されるものとして、その円の面積を求める例を見てみましょう。

menseki1.py

```
import math


hankei = 4.5
menseki = math.pi * hankei * hankei
print(f"半径: {hankei}")
print(f"面積: {menseki:.2f}")
```

①で「math.pi * hankei * hankei」で円の面積を求めています。②③でフォーマット文字列を使用してhankeiとmensekiを文字列に埋め込んで表示しています。③では「:.2f」により小数点以下の表示桁数を2桁にしています。

実行結果

半径: 4.5

面積: 63.62

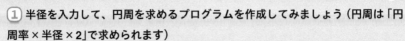

① 半径を入力して、円周を求めるプログラムを作成してみましょう（円周は「円周率×半径×2」で求められます）

```
import math

hankei = [          ] (input("半径は？ "))

ensyuu = [          ] * hankei * 2

print(f"円周: {ensyuu}")
```

⬇

```
import math

hankei = [ float ] (input("半径は？ "))

ensyuu = [ math.pi ] * hankei * 2

print(f"円周: {ensyuu}")
```

解説 input関数で入力された値は文字列型となるため、浮動小数点数型のfloatに変換しています。実行すると、たとえば「10」と入力した場合は「円周: 62.83185307179586」と表示されます。

● pow関数を使用する ●

先ほどの例では、次の式で円の面積を求めていました。

円周率 × 半径 × 半径

「半径×半径」は半径の2乗として計算することもできます。

円周率 × 半径の2乗

この「2乗」は**mathモジュール**の**pow関数**を使用して計算することができます。

(pow 関数)

関数	説明
pow(x, y)	引数xのy乗を返す

pow関数は、1番目の引数を2番目の引数で累乗した値を返します。menseki1.pyをpow関数を使うように変更した例を見てみましょう。

> menseki2.py（変更部分）

```
menseki = math.pi * pow(hankei, 2)
```

実行結果は変わりません。

> 実行結果

半径: 4.5

面積: 63.62

Think! 考えてみよう ?

1 5の3乗を表示するプログラムを作成してみましょう

```
import math
print(          )
```

➡

```
import math
print(  pow(5, 3)  )
```

解説 実行すると「125」と表示されます。

2 3の-1乗を表示するプログラムを作成してみましょう

```
import math
print(          )
```

➡

```
import math
print(  pow(3, -1)  )
```

解説 累乗が負数の場合でも、pow関数を使って計算することができます。実行すると「0.3333333333333333」と表示されます。

切り捨て・切り上げ

プログラムのさまざまな場面で、「4.55」のような値の小数部を切り上げて「5」のような整数に変換する、あるいは小数部を切り捨てて「4」にするといったケースがあります。それにはmathモジュールに用意されている、次のような関数を使用します。

ceil 関数と floor 関数

関数	戻り値	説明
ceil(x)	整数値	引数x以上の最小の整数を返す（切り上げ）
floor(x)	整数値	引数x以下の最大の整数を返す（切り捨て）

切り上げはceil関数、切り捨てはfloor関数です。 ceilは天井、floorは床といった意味ですので、そのことをイメージすればまちがえないでしょう。

それぞれの使用例を見てみましょう。

```
>>> import math
>>> math.ceil(4.5)    切り上げ
5
>>> math.floor(4.5)   切り捨て
4
```

4.5をceil関数で切り上げると5、floor関数で切り捨てると4となることがわかります。

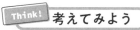

1 「8.3」を切り上げるプログラムを作成してみましょう

```
import math
print(            )
```
➡
```
import math
print(  math.ceil(8.3)  )
```

解説 実行すると、8.3を切り上げているので「9」と表示されます。

2 「6.9」を切り捨てるプログラムを作成してみましょう

```
import math
print(            )
```
➡
```
import math
print(  math.floor(6.9)  )
```

解説 実行すると、6.9を切り捨てているので「6」と表示されます。

一番近い整数を返す

小数点以下の値をもとに、もっとも近い整数を求めたいといったケースがあります。それには**round関数を使用します**。なお、round関数はmathモジュールの関数ではなく、標準モジュールに用意された組み込み関数です。

(round 関数)

関数	戻り値	説明
round(x)	整数値	引数xにもっとも近い整数を返す

round関数は、日本語の四捨五入に近いイメージですが、**引数の値によっては結果が四捨五入と異なります**。引数と、それを切り捨てた値と切り上げた値のちょうど中間にある場合には、**偶数のほうを返す**のです。次の例を見てみましょう。

```
>>> round(1.4)
1
>>> round(1.5)  ①
2
>>> round(1.6)
2
```

①は「1.5」で、「1」と「2」の中間ですが、偶数の「2」を戻します。これは四捨五入と同じですね。次の例を見てみましょう。

```
>>> round(2.4)
2
>>> round(2.5)
2
>>> round(2.6)
3
```

②の「2.5」は、「2」と「3」の中間ですの、**四捨五入と異なり偶数の「2」を戻しています**。

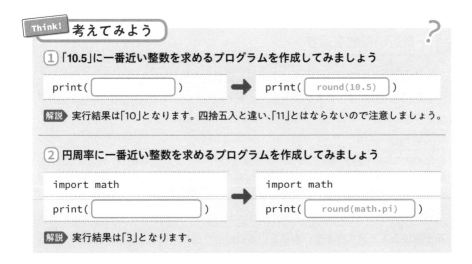

Think! 考えてみよう ?

① 「10.5」に一番近い整数を求めるプログラムを作成してみましょう

print(⬚) ➡ print(round(10.5))

解説 実行結果は「10」となります。四捨五入と違い、「11」とはならないので注意しましょう。

② 円周率に一番近い整数を求めるプログラムを作成してみましょう

```
import math
print( ⬚ )
```
➡
```
import math
print( round(math.pi) )
```

解説 実行結果は「3」となります。

数値演算用の関数の例

mathモジュールには、**ほかにもさまざまな数値計算用の関数が用意されています。**一部を表にまとめたので見てみましょう。

math モジュールの関数の例

関数	説明
ceil(x)	xの値以上の最小の整数を返す
floor(x)	xの値以下の最大の整数を返す
exp(x)	eのx乗を返す
log(x)	xの自然対数を返す
pow(x, y)	xのy乗を返す
sqrt(x)	xの平方根を返す
sin(x)	xのサイン値を返す(xの単位はラジアン)
cos(x)	xのコサイン値を返す(xの単位はラジアン)
tan(x)	xのタンジェント値を返す(xの単位はラジアン)
radians(x)	角度xをラジアンに変換して返す

なお、組み込み関数にも数値演算用の関数が用意されています。

数値演算用の組み込み関数

関数	説明
abs(x)	xの絶対値を返す
max(a1, a2, ..)	引数のなかで最大値を返す
min(a1, a2, ..)	引数の中で最小値を返す
round(x)	xにもっとも近い整数を返す

これらはmathモジュールをインポートしなくても使用できます。

① 円周率/2のサインを求めるプログラムを作成してみましょう

```
import math
print(                    )
```

⬇

```
import math
print(  math.sin(math.pi / 2)  )
```

解説 実行すると「1.0」と表示されます。

② 「-3」の絶対値を求めるプログラムを作成してみましょう

```
print(        )
```
➡
```
print(  abs(-3)  )
```

解説 実行すると「3」と表示されます。

③ 「3」「8」「6」「5」の内、最大値を求めるプログラムを作成してみましょう

```
print(            )
```
➡
```
print(  max(3, 8, 6, 5)  )
```

解説 実行すると「8」と表示されます。

④ 「3」「8」「6」「5」の内、最小値を求めるプログラムを作成してみましょう

```
print(            )
```
➡
```
print(  min(3, 8, 6, 5)  )
```

解説 実行すると「3」と表示されます。

乱数を生成する

プログラムではランダムな数値である「乱数」がよく使用されます。標準ライブラリーには、乱数生成用のモジュールとしてrandomモジュールが用意されています。

randomモジュールには乱数生成用の関数がいくつか用意されていますが、ここでは指定した範囲の整数の乱数を返すrandint関数を紹介しましょう。

randint 関数

関数	戻り値	説明
randint(a, b)	整数値	a以上、b以下の乱数を生成する

インタラクティブモードで試してみましょう。次に、-1、0、1のいずれかの値をランダムに表示する例を見てみます。

```
>>> import random
>>> random.randint(-1, 1)
1
>>> random.randint(-1, 1)
0
```

ランダムに表示するため、実行するたびに結果が変わります。

● サイコロプログラムを作成しよう ●

randint関数の例として、サイコロの目を表示するプログラム「dice1.py」を作成してみましょう。実行するたびに1～6の整数をランダムに表示するプログラムです。

dice1.py

```
import random
print(random.randint(1, 6))    ①
```

①でrandint関数を使用して1、2…6のいずれかの値を生成して表示しています。

実行結果

```
3    1～6のランダムな整数を表示する
```

① 1～10のランダムな整数を表示するプログラムを作成してみましょう

```
import [          ]
print( [                    ] )
```

↓

```
import [ random ]
print( [ random.randint(1, 10) ] )
```

解説 実行すると、1～10の整数がランダムに表示されます。

② -10～10のランダムな整数を表示するプログラムを作成してみましょう

```
import [          ]
print( [                    ] )
```

↓

```
import [ random ]
print( [ random.randint(-10, 10) ] )
```

解説 実行すると、-10～10の整数がランダムに表示されます。

条件に応じて処理を
変える

プログラムでは、ある条件に応じて処理を変えたり、

処理を繰り返したりできます。このChapterでは条件

判断を行って処理を分岐させるif文について解説しま

す。また実行時に発生するエラーである例外を捕まえ

る方法についても見てみましょう。

01 if文で条件を判断しよう

Pythonでは、if文と呼ばれる制御構造を使うことにより「もし○○○ならば△△△を行う」といったように、ある条件を満たした場合になんらかの処理を行うことができます。

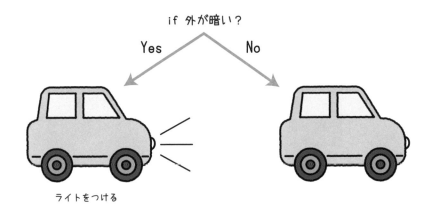

if 外が暗い？

Yes   No

ライトをつける

if文の仕組みを知ろう

　プログラムは、必ずしも上から下に進んでいくだけではありません。**条件に応じて処理を変更したり、処理を繰り返したり、といった場合が少なくありません。**それらを行う文を**制御構造**と呼びます。まずは、代表的な制御構造として、条件判断を行う**if文**を解説しましょう。

●if文のイメージをつかもう●

　たとえば「自動車のライトをつける」という処理をプログラムで記述したとしましょう。ライトをつけるのはたいていの場合、外が暗いときです。このような動作をプログラムするときに使うのがif文です。**if文では、ある条件を設定し、その条件を満たす場合に処理を行う**ことができます。

● if文の基本的な構造 ●

if文にはいくつかのバリエーションがありますが、もっとも基本的な構造は右のようになります。

ひとつまたは複数の文をまとめた単位を「**ブロック**」と呼びます。**ifのあとに「条件:」を記述し、それ**が成り立てば**その後ろのブロックに記述した処理が実行**されます。P19で説明したように**Pythonではインデント（字下げ）によってブロックを記述**します。

前述の外が暗い時にライトをつけるという処理をif文で記述すると次のようになります。

> if 文の構造

```
if 条件：
　　　文1      ブロック
　　　文2
　　　：
━━━→
インデント
```

Chapter 5

```
if 外が暗い:
    ライトをつける
```

🖐 1段階のインデントは半角スペース4つが推奨されています。IDLEのエディターではTabキーを押すと半角スペース4つ分のインデントが挿入されます。

Think! **考えてみよう**　？

① 条件に応じて処理を変えるための方法を覚えましょう

```
[    ] 文    ➡    [if] 文
```

解説 ifは英語で「もしも」という意味です。プログラムでもifを利用して「もし○○だったら」という条件に応じた処理を行えます。

---

② 気温が高いときにエアコンをつけるという処理を記述してみましょう

```
[    ] 気温が高い [    ]    ➡    [if] 気温が高い [ : ]
      エアコンをつける              エアコンをつける
```

解説 「if」に続けて「もし○○だったら」の条件を書き、「:」のあとに条件が成立する場合の処理を記述します。

ブール型(真偽値)について

if文に書いた条件の真偽を判定し、その判定によって処理を分岐します。まず、この真偽を表す真偽値について説明しておきましょう。**真偽値は、正しいことを表す「真」と、正しくないことを表す「偽」のどちらかの値を取ります。**

Pythonの場合、**真偽値は「ブール型」と呼ばれるデータ型**です。真の状態は「**True**」、偽の状態は「**False**」という値になります。

ブール型

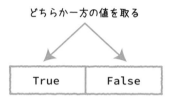

どちらか一方の値を取る

ブール型は、if文の条件判断などである条件が正しいか、正しくないかなどを調べるときに使用されます。インタラクティブモードで見てみましょう。変数is_trueに「True」を代入するには次のようにします。

```
>>> is_true = True
```

type関数 (P79) でデータ型を調べると、ブール型はboolクラスのインスタンスであることがわかります。

```
>>> type(is_true)
<class 'bool'>
```

boolクラスのインスタンス

Think! **考えてみよう**

① 真偽値を表す型について覚えましょう

| | 型 | ➡ | ブール | 型 |

解説 真偽値はブール型の値です。なお、英語では「boolean value」といい、イギリスの数学者ジョージ・ブールの名前に由来しています。

② **ブール型で扱える値について覚えましょう**

真の状態を表す：	
偽の状態を表す：	

➡

真の状態を表す：	True
偽の状態を表す：	False

解説 真の場合は「True」、偽の場合は「False」です。ブール型はそのほかの値はとりません。

if文を書いてみよう

　それでは、まずはかんたんなif文を書いてみて、挙動を確認しましょう。**if文の「条件」では、値がTrue、つまり「真」のときに成り立つと判断されます。**

(if1.py)

```
value = True ①
```

```
if value: ②
    print(value) ③
    print("条件成立") ④
```

　①で変数valueにTrueを代入しています。②のif文の条件に変数valueを設定しています。**valueはTrueなので条件が成り立つと判断され、その下のブロックが実行されます**。③のprint関数で変数valueの値を、④で条件成立と表示しています。

(実行結果)

```
True
条件成立
```

　次に、①を次のように変更してみましょう。

(if1_2.py)

```
value = False
```

　変数valueにFalseを代入しています。こうした場合はif文の条件は成り立たず③④は実行されないため、なにも表示されません。

表示されない

Think! 考えてみよう ?

① if文でなにも表示しないように変数valueに真偽値を代入しましょう

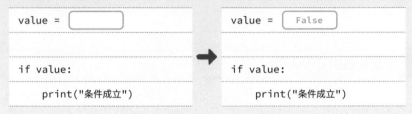

```
value = [        ]

if value:
    print("条件成立")
```

```
value = [ False ]

if value:
    print("条件成立")
```

解説 if文の条件が「False」の場合は処理は行われません。

2つの値を比較する関係演算子

　実際のif文の条件判断では、**ある値を別の値と比較して、その結果に応じて処理を行うということが多い**でしょう。このとき使うのが「**関係演算子**」と呼ばれる演算子です。

　たとえば「**<**」は、「**〜より小さい**」ということを調べる関係演算子で、**左辺の値が右辺の値より小さければTrueを、そうでなければFalseを戻します。**

　次のようにすると、変数aの値が4未満のときにTrue、4以上のときにはFalseとなります。

関係演算子「<」の働き

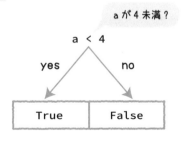

a が 4 未満?

a < 4

yes　　　no

True　　　False

インタラクティブモードで試してみましょう。

```
>>> a = 3
>>> a < 4
True
>>> a = 5
>>> a < 4
False
```

aに代入した値が3の場合は、「a < 4」が成立しているのでTrue、5の場合は「a > 4」が成立しないのでFalseが表示されます。

Chapter 5

Think! 考えてみよう ?

1 条件式「5 < 8」の真偽を表示してみましょう

print([   ]) ➡ print([5 < 8])

解説 「5 < 8」は成立するため、Trueとなります。

2 条件式「5 < 5」の真偽を表示してみましょう

print([   ]) ➡ print([5 < 5])

解説 「5 < 5」は成立しないため、Falseとなります。

3 「変数bの値が5よりも小さい」という条件を記述してみましょう

[   ] ➡ [b < 5]

解説 条件式に変数が含まれていても、考え方は同じです。

●暗くなったらライトをつける●

先ほどの例に戻って、暗くなったら自動車のライトをつけるプログラムを考えましょう。次のプログラムでは、明るさを管理する変数brightnessを用意し、その値が4未満であれば外が暗いと判断して「ライトON」と表示します。

```
if2.py
```

```
brightness = 3
if brightness < 4:
    print("ライトON")
```

実行結果

```
ライトON
```

変数brigtnessの値を変更して結果がどうなるかを確認してみましょう。

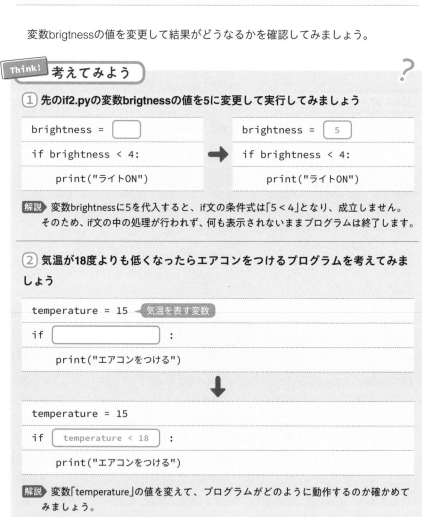

Think! 考えてみよう

1 先のif2.pyの変数brigtnessの値を5に変更して実行してみましょう

```
brightness = [    ]
if brightness < 4:
    print("ライトON")
```
➡
```
brightness = [ 5 ]
if brightness < 4:
    print("ライトON")
```

解説 変数brightnessに5を代入すると、if文の条件式は「5 < 4」となり、成立しません。
そのため、if文の中の処理が行われず、何も表示されないままプログラムは終了します。

2 気温が18度よりも低くなったらエアコンをつけるプログラムを考えてみましょう

```
temperature = 15    ◀ 気温を表す変数
if [            ] :
    print("エアコンをつける")
```
⬇
```
temperature = 15
if [ temperature < 18 ] :
    print("エアコンをつける")
```

解説 変数「temperature」の値を変えて、プログラムがどのように動作するのか確かめてみましょう。

いろいろな関係演算子

2つの値を比較してTrueもしくはFalseの真偽値を返す関係演算子は、「<」と「>」だけではありません。次の表にまとめておきます。

関係演算子

演算子	例	説明
==	a == b	aとbは等しい
!=	a != b	aとbは等しくない
>	a > b	aはbよりも大きい
>=	a >= b	aはbよりも大きいか等しい
<	a < b	aはbよりも小さい
<=	a <= b	aはbより小さいか等しい

2つの値の大小を判断するときは「**>**」、「**>=**」、「**<**」、「**<=**」を使用します。このとき、以上や以下を示す「**<=**」と「**>=**」は「=」を後ろに書きます。「=<」や「=>」のように「=」を前に書くことはできないので注意してください。インタラクティブモードで試してみましょう。

```
>>> 2 <= 10
True
>>> 10 >= 20
False
```

「2 <= 10」は「2が10以下かどうか」という意味なのでTrue、「10 >= 20」は「10が20以上かどうか」という意味なのでFalseとなります。

① 以下の条件を記述してみましょう

	変数aの値が3よりも大きい
	変数aの値が3以上
	変数aの値が7よりも小さい
	変数aの値が7以下

↓

`a > 3`	変数aの値が3よりも大きい
`a >= 3`	変数aの値が3以上
`a < 7`	変数aの値が7よりも小さい
`a <= 7`	変数aの値が7以下

解説 aが3の場合、「a > 3」はFalse、「a >= 3」はTrueになります。aが7の場合は「a < 7」は False、「a <= 7」はTrueです。

● 値が等しいかどうかを判断する ●

値が等しいかを判断するには「==」、等しくないことを判断するには「!=」を使用します。

```
>>> a = 4
>>> a == 3
False
>>> a != 5
True
```

なお、等しいかどうかを判断するには、値を代入するのに使う「=」ではなく、「==」（イコール「=」を2つつなげる）を使います。これは、値を代入する「=」とまちがえやすいので注意しましょう。

Think! 考えてみよう　?

① 以下の条件を記述してみましょう

| | ← 変数aの値が3と等しい |
| ← 変数aの値が3と等しくない |

↓

| a == 3 | ← 変数aの値が3と等しい |
| a != 3 | ← 変数aの値が3と等しくない |

解説▶ 「aが◯◯の場合は」という判定をする場合は「==」、「aが◯◯ではない場合は」という判定をする場合は「!=」を使います。

● 文字列に対して関係演算子を使用する ●

　関係演算子は文字列に対しても使用できます。**「==」は左辺と右辺の文字列が等しいこと**を、**「!=」は異なること**を調べます。

```
>>> "Python" == "Python"
```
```
True
```
```
>>> "こんにちは" != "さようなら"
```
```
True
```

　なお、「>」、「>=」、「<」、「<=」といった演算子を使用した比較は、内部の文字コードの順に行われます。英文字はアルファベット順に大きくなっています。たとえば、「a」と「b」を比較した場合、文字コード的には「b」のほうが大きくなります。

```
>>> "a" < "b"
```
```
True
```

　文字列の文字数の比較ではない点に注意しましょう。

① 文字列「**Hello**」と「**hello**」が等しいかどうか確認するプログラムを作成してみましょう

```
print("Hello"      "hello")
```

↓

```
print("Hello"  ==  "hello")
```

解説 実行するとFalseと表示されます。アルファベットの大文字小文字は別の文字として認識されます。

---

② 文字列「**222**」のほうが「**33**」よりも大きいかどうか確認するプログラムを作成してみましょう

```
print("222"      "33")
```
→
```
print("222"  >  "33")
```

解説 実行するとFalseと表示されます。数値としては33のほうが小さいですが、文字コードでは「2」のほうが小さいため、"33"のほうが大きいと判定されます。
print(int("222") > int("33"))と、文字列を数値に変換するとTrueになります。

合言葉を当てる

次に、キーボードから秘密の合言葉を入力させて、正解であれば「おめでとう！正しい合言葉です」と表示する例を見てみましょう。

if3.py

```
secret = "ひらけごま"  ①
instr = input("合言葉は？: ")  ②
if secret == instr:  ③
    print("おめでとう！正しい合言葉です")  ④
```

①で変数secretに、合言葉として"ひらけごま"を代入しています。②でinput関数を使用してキーボードから文字列を読み込み変数instrに代入しています

③のif文では、「==」を使用して変数secretと変数instrが同じかどうかを調べ、同じであれば④で「おめでとう！正しい合言葉です」と表示しています。

合言葉は？： ひらけごま

おめでとう！正しい合言葉です

Think! 考えてみよう ?

① 英数字のパスワードを入力し、正しければ表示を行うプログラムを作成してみましょう（ただし、大文字小文字の区別をしない機能を持たせることとします）

```
pass_str = "OpenSesame"

input_str = input("Password?: ")

if _____ == _____ :

    print("Pass OK!")
```

↓

```
pass_str = "OpenSesame"

input_str = input("Password?: ")

if  pass_str.lower()  ==  input_str.lower()  :

    print("Pass OK!")
```

解説 大文字小文字の区別をなくすため、比較の際にlowerメソッド（P96）を使い、すべて小文字に変換してから比較を行っています。
もちろん、すべてを大文字に変換するupperメソッドを利用してもかまいません。

条件が成り立つのはどんな時？

これまでの例では、if文の条件で値がブール型の「True」の場合に条件が成り立つと判断されていました。実は、**条件が成り立つのはその場合だけではありません。** Pythonでは、次のような場合に条件が成り立つとみなされます。

Python で条件が成り立つケース

・ブール型ではTrueの場合

・数値型では0以外の場合

・文字列では空文字列以外の場合

・リスト（P212）などでは要素が空ではない場合

「中身が空や0でない場合に条件が成り立つ」と考えればよいでしょう。つまり、変数を条件に指定して、0ではない場合や空文字列ではない場合に処理を行う、といった書き方ができます。次の例を見てみましょう。

if4.py

```
num = 3    ①
if num:    ②
    print("0ではありません")    ③
```

①で変数numに数値（上記の例では「3」）を代入しています。②でif文の条件に変数numを直接指定しています。変数numは0ではないため条件が成り立つと判断され、③のprint関数が実行されます。

実行結果

```
0ではありません
```

①を変更して、変数numを0にしてみましょう。

if4_2.py（変更部分）

```
num = 0
```

今度は条件が成り立たないと判断され、なにも表示されません。

実行結果

表示されない

Think! 考えてみよう

① 空ではない文字列が入力された場合、メッセージを表示するプログラムを作成してみましょう

```
input_str = input("入力してください: ")

if ┌─────────┐ :
    └─────────┘
    print("文字列が入力されました:" + input_str)
```

⬇

```
input_str = input("入力してください: ")

if   input_str   :

    print("文字列が入力されました:" + input_str)
```

解説 「入力してください: 」とプロンプトを表示し、なんらかの文字列を入力してEnterキーを押した場合は「文字列が入力されました:」と表示して、続けて入力された文字列を表示します。なにも入力せずにEnterキーを押した場合は表示されません。

02 if文を活用しよう

前セクションでif文の基本が理解できたと思います。次に、複数のif文を組み合わせて
より細かく条件を設定するといったif文の活用方法について見てみましょう。

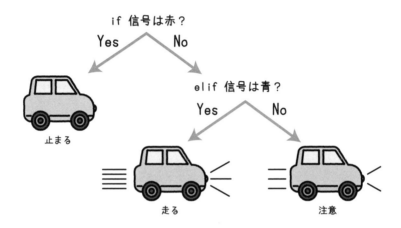

if~else文を使う

まず、if文のバリエーションであるif~else文について説明します。**if~else文を使
うと、条件が成り立った場合に加えて、成り立たなかった場合の処理を記述できま
す。**つまり、「もし○○○ならば△△△を行う、そうでなければ■■■を行う」とい
う処理を記述できるわけです。

if ~ else 文の書き方
if 条件:
条件が成立した場合の処理
else:
条件が成立しなかった場合の処理

前セクションの例では「外が暗い場合に自動車のライトをつける」という処理を説明しました。これに、条件が成立しない、つまり、「外が暗くない場合にライトを消す」という処理を加えられます。if～else文で記述すると次のようなイメージになります。

if 外が暗い:
ライトをつける
else:
ライトを消す

elseのブロックにifの条件が成立しないときの処理を書きます。

Chapter 5

Think! 考えてみよう ?

① 気温が高いときにエアコンをつけ、気温が高くないときにはエアコンを消すという処理を記述してみましょう

if 気温が高い :

　　エアコンをつける

[　　　　] :

　　エアコンを消す

↓

if 気温が高い :

　　エアコンをつける

[else] :

　　エアコンを消す

解説 elseはifが成立しない場合に実行されます。

if〜else文を記述してみよう

if2.py（P152）では、変数brightnessの値が4未満であるときに「ライトON」と表示していました。これを変更し、変数brightnessの値が4以上の場合には「ライトOFF」と表示するようにしてみましょう。

if_else1.py

```
brightness = 5
if brightness < 4:
    print("ライトON")
else:
    print("ライトOFF")
```

①で変数brightnessに5を代入しています。②でelseを追加しています。条件が成り立たなかった場合にelseのブロックの③で「ライトOFF」と表示しています。この場合は変数brightnessに5が代入されているので、「ライトOFF」と表示されます。

実行結果

```
ライトOFF
```

if2.pyと同様に、変数brightnessに3を代入すれば「ライトON」と表示されます。①を書き換えて確かめてみましょう。

if_else1_2.py（変更部分）

```
brightness = 3
```

実行結果

```
ライトON
```

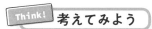 **考えてみよう**

① 気温が**18度**よりも低くなったらエアコンをつけ、そうでなければエアコンを消すプログラムを考えてみましょう

```
temperature = 15    気温を表す変数

if [              ] :

    print("エアコンをつける")

[          ] :

    print("エアコンを消す")
```

↓

```
temperature = 15

if [ temperature < 18 ] :

    print("エアコンをつける")

[ else ] :

    print("エアコンを消す")
```

解説 実行すると「エアコンをつける」と表示されます。temperatureに20を代入すると「エアコンを消す」に結果が変わります。

Chapter 5

if〜elif〜else文で処理を3つ以上に分けるには

「**if〜else文**」に「**elif**」を組み合わせると、処理を3つ以上に分岐できます。「elif」は「else if」の略です。

if 〜 elif 〜 else 文の書き方

`if 条件1:`
条件1が成り立った場合の処理
`elif 条件2:`
条件1が成り立たず、条件2が成り立った場合の処理
`elif 条件3:`
条件1と条件2が成り立たず、条件3が成り立った場合の処理
⋮
`else:`
すべての条件が成り立たなかった場合の処理

●信号機の色に応じてメッセージを表示する●

変数colorに信号機の色が代入されているとして、色に応じて「止まれ」、「進め」、「注意」と表示する例を見てみましょう。

signal1.py

```
color = "黄" ①

if color == "赤": ②
    print("止まれ")
elif color == "青":
    print("進め")
elif color == "黄":
    print("注意")
else: ③
    print("色名が不適切")
```

①で変数colorに色名を代入しています。②以降では**if文に「==」を使用して変数colorと色名を比較して対応するメッセージを表示**しています。

変数colorの値が"赤"、"青"、"黄"以外の場合には、③のelseのブロックが実行され「色名が不適切」と表示しています。

実行結果

注意

①のcolorの値をいろいろ変更して結果がどうなるのかを確認してみましょう。

Think! 考えてみよう ?

① **年齢に応じて年代を表示するプログラムを作成してみましょう**

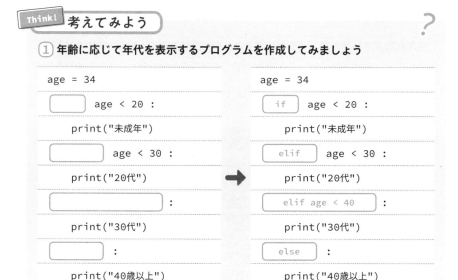

```
age = 34
     age < 20 :
  print("未成年")
       age < 30 :
  print("20代")
            :
  print("30代")
     :
  print("40歳以上")
```

```
age = 34
  if   age < 20 :
  print("未成年")
  elif  age < 30 :
  print("20代")
  elif age < 40   :
  print("30代")
  else   :
  print("40歳以上")
```

解説 if～elif文のelifブロックは、それ以前の条件に当てはまっていないという前提があります。たとえば、「if age < 40 :」と記述した場合、40歳未満のすべての数が条件を満たします。未成年も20代もあてはまります。

ここでは「if age < 20」、「elif age < 30」が先に記述されているため、「elif age < 40」の箇所ではすでに未成年と20代は弾かれています。そのため「age < 40」となるのは30代であると確定できます。if～elif文を記述する際は混乱しやすいので注意しましょう。

条件を否定したり、組み合わせたり

if文の条件では、複数の条件を組み合わせて判定することができます。たとえば、「年齢が7歳未満」もしくは「60歳以上」に入場料は無料にするといった処理が可能です。

if 7歳未満もしくは60歳以上：
入場料は無料

条件を組み合わせたり、否定したりするには「論理演算子」という種類の演算子を使用します。論理演算子は、ブール型の値、つまりTrueとFalseに対して演算を行う演算子です。

（論理演算子）

論理演算子	意味	例	説明
not	否定	not a	値がTrueの場合にはFalse、Falseの場合にはTrueを戻す
and	論理積	a and b	aとbがTrueの場合にTrue、それ以外の場合にはFalseを戻す
or	論理和	a or b	aとbのどちらかがTrueの場合にはTrue、それ以外の場合にはFalseを戻す

前述の「**7歳未満もしくは60歳以上の入場料は無料**」の例は右のように書くことができます。

if 7歳未満 **or** 60際以上：
入場料が無料

逆に「**7歳以上かつ60歳未満の入場料は有料**」という書き方をする場合は、右のようになります。

if 7歳以上 **and** 60際未満：
入場料が有料

「土曜日以外の入場料は無料」という場合は、右のようになります。

if **not** 土曜日：
入場料が無料

「**not**」だけは複数の条件を結びつけるのではなく、単体の条件を反転する際に使用する点に注意しましょう。

Think! 考えてみよう ?

① Pythonの論理演算子を覚えましょう

否定：	[　　　　]
論理和：	[　　　　]
論理積：	[　　　　]

➡

否定：	[not]
論理和：	[or]
論理積：	[and]

解説 notは「○○ではない」、orは「○○または△△が真」、andは「○○が真、かつ△△が真」という意味です。

● 論理演算子の結果を確認する ●

では実際に、2つのブール型の値に対して論理演算子を使用して結果を確認する例を見てみましょう。

(logical1.py)

```
b1 = True
b2 = False
print(f"not b1: {not b1}")      ①
print(f"b1 and b2: {b1 and b2}")  ②
print(f"b1 or b2: {b1 or b2}")    ③
```

b1にTrue、b2にFalseを代入しています。①で「not」、②で「and」、③で「or」を使用しています。ここではフォーマット文字列を利用して結果を埋め込んでいます。

(実行結果)

```
not b1: False
b1 and b2: False
b1 or b2: True
```

変数b1と、変数b2の値を変更して、結果がどうなるかを試してみましょう。

Think! 考えてみよう ?

① すべてがTrueになるように、論理演算子を入れてみましょう

```
b1 = True

b2 = False

print(b1 [      ] b2)

print(b1 and [      ] b2)
```

➡

```
b1 = True

b2 = False

print(b1 [ or ] b2)

print(b1 and [ not ] b2)
```

解説 b1がTrue、b2がFalseなので、「b1 and b2」はFalseになります。「b1 or b2」とした場合か、「b1 and not b2」とb2を反転した場合にtrueとなります。

● 論理演算の結果を文字列として扱うには ●

論理演算子の実行結果はブール型の値ですが、これを詳しくいうと**boolクラスのインスタンス**です。ブール型の値を文字列として扱いたい場合は、strコンストラクタに渡して文字列に変換してやる必要があります。

ブール型の値を文字列に変換

```
str(ブール型の値)   ◀ 文字列になる
```

先ほどのlogical1.pyを変更して、論理演算の結果を「+」演算子で文字列と接続して表示した例を見てみましょう。

logical2.py

```
b1 = True

b2 = False

print("not b1: " + str(not b1))

print(f"b1 and b2: " + str(b1 and b2))

print(f"b1 or b2: " + str(b1 or b2))
```

「not b1」はFalse、「b1 and b2」はFalse、「b1 or b2」はTrueになります。

実行結果

```
not b1: False

b1 and b2: False

b1 or b2: True
```

年齢に応じた入場料を表示する

次に、論理演算子の実際の使用例として、年齢に応じて表のような入場料を表示する例を見てみましょう。

年齢と料金

年齢	料金
7歳未満	無料
60歳以上	無料
7歳以上13歳未満	1000円
その他	2000円

admission_fee.py

```
age = 15  ①
if age < 7 or age >= 60:  ②
    fee = 0
elif age < 13:  ③
    fee = 1000
else:  ④
    fee = 2000

print(f"{age}歳の入場料: {fee}円")
```

①で年齢を管理する変数ageを宣言し年齢を代入しています。

②でif文の条件に「age < 7 or age >= 60」を指定し、「7歳未満または60歳以上」を判定しています。

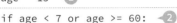

```
if age < 7 or age >= 60:
```
7歳未満　または　60歳以上

この条件が成立すれば、入場料を管理する変数feeに0を代入しています。

③で13歳未満の場合に変数feeに1000を代入しています。④がそれ以外の場合、つまり13歳以上〜60歳未満の場合に変数feeに2000を代入しています。

実行結果

15歳の入場料: 2000円

年齢ageの値を変更して結果を確認してみましょう。

① **P169のadmission_fee.pyと同じ動作になるように条件を入れてみましょう**

```
age = 15
if ┌─────────────────────────┐ :
   └─────────────────────────┘
       fee = 1000  ◀ ここが先ほどのプログラムと違います
elif ┌─────────────────────────┐ :
     └─────────────────────────┘
       fee = 2000  ◀ ここが先ほどのプログラムと違います
else:
       fee = 0  ◀ ここが先ほどのプログラムと違います

print(f"{age}歳の入場料: {fee}円")
```

⬇

```
age = 15
if  age >= 7 and age < 13 :
       fee = 1000
elif  age >= 13 and age <60 :
       fee = 2000
else:
       fee = 0

print(f"{age}歳の入場料: {fee}円")
```

解説 入場料が1000円になるのは「7歳以上かつ13歳未満」の場合なので、それを条件にします。2000円になるのは「13歳以上かつ60歳未満」です。elseは結果的に「7歳未満または60歳以上」の場合に処理が行われることになります。

今日は営業中？

if文の応用例として、次に今日の曜日に応じて、「通常営業」、「午前のみ営業」、「休業」と表示する例を示しましょう

曜日とメッセージの関係

曜日	メッセージ
月、火、木、金	通常営業
水曜日	午後のみ営業
土、日	休業

曜日の取得にはdatetimeモジュールのdateクラスに用意されたweekdayメソッド使用します(P126)。

holiday1.py

```
import datetime    ①


today = datetime.date.today()    ②
wday = today.weekday()    ③
if wday == 0 or wday == 1 or wday == 3 or wday == 4:    ④
    print("通常営業")    ⑤
elif wday == 2:    ⑥
    print("午後のみ営業")
else:    ⑦
    print("休業")
```

①で日付時刻のクラスがまとめられたdatetimeモジュールをインポートしています。

②でdateクラスのtodayメソッドを使用して今日の日付のdateクラスのインスタンスを生成して変数wdayに代入しています。

③ではweekdayメソッドにより曜日を求めて変数wdayに代入しています。曜日は月曜日を0、火曜日を1……日曜日を7とする整数値です。

if文ではまず、④でor演算子を使用して、月、火、木、金のいずれかであるかを調べ、そうであれば⑤で"通常営業"と表示しています。

⑥は水曜日の場合で、"午後のみ営業"と表示しています。

⑦ではそれ以外の場合、つまり、土曜日、日曜日の場合に休業と表示しています。

休業

Think! 考えてみよう ?

① 入力したパスワードが正しいかどうか表示するプログラムを作成しましょう。ただし、空白の時には空白禁止のメッセージを、文字数が6～12文字の範囲でない場合はそのメッセージを表示するようにしてみましょう

```
pass_str = "OpenSesame"     ◀ 正しいパスワードを変数に保存
input_str = input("Password?: ")     ◀ パスワードを入力してもらう
if pass_str [    ] input_str:
    print("Pass OK!")     ◀ パスワードが正しい場合の表示
elif input_str == [    ]:
    print("空白は禁止です")     ◀ 空白の場合の表示
elif len(input_str) < 6 [    ] 12 < len(input_str):
    print("パスワードは6～12文字です")     ◀ 6文字以下、または12文字以上の場合の表示
[        ]:
    print("Pass NG")     ◀ それ以外の場合の表示
```

↓

```
pass_str = "OpenSesame"
input_str = input("Password?: ")
if pass_str [ == ] input_str:
    print("Pass OK!")
elif input_str == [ "" ]:
    print("空白は禁止です")
elif len(input_str) < 6 [ or ] 12 < len(input_str):
```

```
    print("パスワードは6〜12文字です")
```

```
else :
```

```
    print("Pass NG")
```

解説 文字列の長さを取得するには、len関数を使います(P100)。例題では文字数が6より少ない、"または"、12より多い時にパスワードエラーとしたいので、「or」を使用しています。
「or」と「and」は思わぬところで混同しやすいものです。プログラムを作成する際には注意して条件を記述するようにしましょう。

COLUMN インタラクティブモードでif文を試すには

インタラクティブモードでもif文などの制御構造を試すことができます。まず、if文の最初の行を入力してEnterキーを押すとプロンプトが「...」に変わります。

```
>>> age = 14  Enter
```

```
>>> if age < 15: Enter
```

```
...     ◀ プロンプトが「...」に変化する
```

Tabキーでインデントしてブロック部分を入力します。最後にEnterキーのみを入力するとif文が実行されます。

```
>>> if age < 15:
```

```
...     print("子供料金") Enter
```

```
...  Enter
```

子供料金

なお、Pythonのバージョンによっては「...」が表示されない場合もあります。

03 例外処理でエラーを捕まえる

プログラムの実行時に何らかのエラーが発生することがあります。このセクションでは、そのエラーを捕まえて処理する例外処理の基礎について解説しましょう。

例外処理とは

　プログラムの実行時に何らかのエラーが発生することがあります。発生したエラーを処理しないとプログラムは停止します。そのようなエラーを「**例外（Exception）**」、例外を捕まえてプログラム内で適切に処理することを「**例外処理**」といいます。

　また、例外が発生することを「**例外がスローされる**」といいます。つまり、例外処理とは「**スローされた例外を捕まえて、あと始末をすること**」と考えるとよいでしょう。

●try〜except文で例外を捕まえる●

Pythonでは、例外処理には**try〜except文**を使用します。

try:
例外が発生するかもしれない処理
except 例外:
例外が発生した場合の処理

　tryのブロックに例外が発生する可能性がある処理を記述します。**except**では捕まえる例外を記述し、その後ろのブロックに例外が発生した場合の処理を記述します。

たとえば、「急に雨が降ってきたので傘をさそうとしたら、壊れていたのでコンビニに駆け込んだ」という行動を、try〜except文で表すと次のようになります。

try 〜 except 文のイメージ

try:
雨が降ってきたので傘をさす
except　傘が壊れていた：
コンビニで雨宿りをする

Think! 考えてみよう ?

① 例外処理の方法を覚えましょう

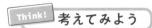 文 ➡ try〜except 文

② 「エアコンのリモコンを操作したが、電池がなかったので電池交換した」という行動をtry〜except文で表してみましょう

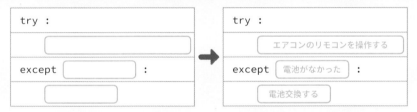

解説 tryのあとのブロックに書くのが「エラーが想定される処理」、exceptに書くのが「想定されるエラー」、そのあとのブロックに書くのが「エラーが発生した際の処理」です。

例外を発生させてみよう

Pythonでは例外は**「例外クラス」のインスタンス**、つまり**オブジェクト**です。まずは、インタラクティブモードで例外を発生させてみましょう。

たとえば、「/」演算を使用して割り算を行うと、エラーがない場合には結果が表示されます。

```
>>> 9 / 4
2.25
```

　算数では、数値を0で割ることはできません。これはPythonにおける演算でも同じです。試しに適当な数を0で割ってみましょう。

```
>>> 3 / 0
Traceback (most recent call last):
    File "<stdin>", line 1, in <module>
ZeroDivisionError: division by zero
```

　このように、例外がスローされエラーメッセージが表示されます。この場合、**エラーメッセージの最後に表示された「ZeroDivisionError」（ゼロで割ったエラー）というのが例外のクラス名**です。

　また、intコンストラクタの引数に数値を表す文字列を指定すると整数に変換されます。

```
>>> int("34")
34
```

　intコンストラクタの引数に、整数に変換できない文字列を指定してみましょう。

```
>>> int("田中一郎")
Traceback (most recent call last):
    File "<stdin>", line 1, in <module>
ValueError: invalid literal for int() with base 10: '田中一郎'
```

　例外がスローされエラーメッセージが表示されます。**最後に表示された「ValueError」（値のエラー）が、例外のクラス名**です。

文字列を数値に変換する場合の例外を処理する

　では、実際のプログラムで例外処理の使用例を見てみましょう。P114では平成年を入力し西暦に変換するプログラム「heisei_to_seireki1.py」を紹介しました。

heisei_to_seireki1.py

```
heisei_str = input("平成年は？ ")
heisei = int(heisei_str)
print(f"平成{heisei}年は西暦{heisei + 1988}年です")
```

　このプログラムを実行し、「平成年？ 」に続いて"abc"などの文字列を入力してEnterキーを押すとエラーで停止します。

実行結果

```
平成年は？ abc  ◀─ 数値以外を入力
Traceback (most recent call last):
  File "/…/heisei_to_seireki1.py", line 2, in <module>
    heisei = int(heisei_str)
ValueError: invalid literal for int() with base 10: 'abc'
```

　①のintコンストラクタを実行した時点で、整数に変換できないため「ValueError」という例外がスローされています。この例外を捕まえて、「整数値を入力してください」と表示するには次のようにします。

heisei_to_seireki2.py

```
heisei_str = input("平成年は？ ")
try:
    heisei = int(heisei_str)
    print(f"平成{heisei}年は西暦{heisei + 1988}年です")
except ValueError:
    print("整数値を入力してください")
```

　入力した平成年を西暦に変換する処理を①のtryブロックの内部に記述しています。②のexceptで、ValueErrorクラスの例外が発生した場合にそれを捕まえて、③で「整数値を入力してください」と表示しています。

平成年は？ abc ←数値以外を入力

整数値を入力してください

Think! 考えてみよう

① 文字列「3.5」を整数型に変換した時のエラーを捕まえてメッセージを表示するプログラムをつくってみましょう

```
try:
    print(int("3.5"))
except           :
    print("整数型に変換できません")
```

⬇

```
try:
    print(int("3.5"))
except  ValueError :
    print("整数型に変換できません")
```

解説 exceptに例外のクラス名を書きます。try〜except文の構造をよく理解しておきましょう。

② 「0」で割り算した時のエラーを捕まえてメッセージを表示するプログラムをつくってみましょう

```
try:
    print(3 / 0)
except           :
    print("0で割り算はできません")
```

⬇

```
try:
    print(3 / 0)
except   ZeroDivisionError :
    print("0で割り算はできません")
```

解説 ゼロで割った際の例外のクラス名は「ZeroDivisionError」です（P176）。

例外クラスの親子関係について

発生する例外のクラス名をいちいち指定するのは面倒に感じるかもしれません。実は、例外クラスには**BaseExceptionクラスを頂点とする図のような親子関係があります**。

例外クラスの階層（一部抜粋）

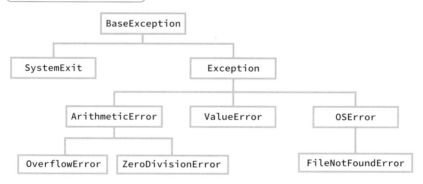

例外をキャッチするときは、**発生する例外のクラスそのものではなく、その祖先のクラスを指定することもできます**。このとき、祖先のクラスを「**スーパークラス**」、それから派生する子孫のクラスを「**サブクラス**」と呼びます。

先ほどのheisei_to_seireki2.pyでは、ValueErrorクラスの例外を捕まえていましたが、その代わりに**Exceptionクラスなどそのスーパークラスの例外を捕まえること**もできます。

heisei_to_seireki3.py

```
heisei_str = input("平成年は？ ")
try:
    heisei = int(heisei_str)
    seireki = heisei + 1988
    print(f"平成{heisei}年は西暦{heisei + 1988}年です")
except Exception:    ◀ Exceptionクラスの子孫の例外をキャッチ
    print("整数値を入力してください")
```

　このようexceptに例外クラスのスーパークラスを指定すると、**そのサブクラスの例外をすべて捕まえることができます**。つまり、前述のようにExceptionクラスを指定すると、ValueErrorだけでなく、FileNotFoundError（ファイルが見つからない）やArithmeticError（数値演算でエラーが起こった）など、Exceptionクラスの子孫となるクラスの例外をすべて捕まえることができるのです。

　さらに、次のようにexcept文で例外クラス名を省略すると、すべての例外を捕まえることができます。

heisei_to_seireki4.py（変更部分）

```
except:    ◀ すべての例外を捕まえる
    print("整数値を入力してください")
```

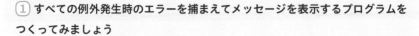

① **すべての例外発生時のエラーを捕まえてメッセージを表示するプログラムをつくってみましょう**

```
input_num = input("整数を入力してください　")
try:
    print(input_num + 100)
        ▢        :
    print("エラーが発生しました")
```

```
input_num = input("整数を入力してください　")
try:
    print(input_num + 100)
    except  :
    print("エラーが発生しました")
```

解説 すべての例外を捕まえるには、例外のクラスを指定せず、「except」のみを記述します。なお、この場合に発生した例外の内容を表示するには、次のように記述します。

```
except :
    import traceback
    print("エラーが発生しました")
    traceback.print_exc()
```

この状態で実行する次のようなエラーが表示されます。

```
エラーが発生しました
Traceback (most recent call last):
  File "tmp.py", line 3, in <module>
    print(input_num + 100)
TypeError: can only concatenate str (not "int") to str
```

　入力された整数に100を加算しているところで例外が発生しています。これは、input関数で取り込んだ値は文字列型となるため、文字列と整数の加算ができないというエラーです。例外クラスの種類は「TypeError」、内容は「結合できるのはstr型とstr型だけであり、int型はできない」と表示されています。

Chapter 5

処理を繰り返す

前Chapterでは、if文という条件判断を行う制御構造について紹介しました。このChapterでは繰り返しの制御構造としてfor文とwhile文を解説します。

01 for文で処理を繰り返す

ここではまず、for 文と呼ばれる制御構造について説明します。for 文は処理を指定した回数繰り返したり、文字列などから値をひとつずつ取り出して順に処理を行えます。

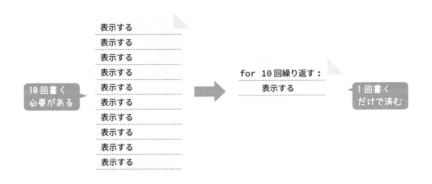

繰り返しはなぜ必要？

if文などの条件判断と並んで、プログラムに欠かせない制御構造が「**繰り返し**」（**ループ**）です。繰り返しをうまく使うと、プログラムがシンプルになります。

たとえば、1行に1件ずつ会員情報が記述された名簿のファイルがあるとします。ここから最初の10行を読み込んで表示したいとしましょう。**繰り返しを使用しない場合は、読み込む命令を10回書く必要があります。**

繰り返しを使用しない場合の名簿の読み込み

名簿

```
1: 田中一郎 ： 男：25
2: 山田太郎 ： 男：32
3: 井上花子 ： 女：43
4: 大木茂 ： 男：34
     ⋮
```

先頭の 10 行を
読み込んで表示

プログラム

```
1 行目を読み行む
表示する
2 行目を読み込む
表示する
     ⋮
10 行目を読み込む
表示する
```

これを、繰り返しの制御構造であるfor文を使用すると、読み込む命令は1回書くだけでよく、それを10回繰り返すという形で簡潔に記述できます。

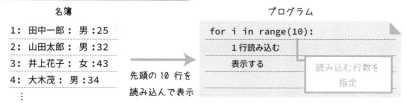

繰り返しを使用した場合の名簿の読み込み

名簿

1： 田中一郎： 男：25
2： 山田太郎： 男：32
3： 井上花子： 女：43
4： 大木茂 ： 男：34
　　⋮

先頭の10行を
読み込んで表示

プログラム

```
for i in range(10):
    1行読み込む
    表示する
```

読み込む行数を
指定

for文で指定した回数を繰り返す

では、繰り返しに使うfor文の基本的な書き方を見てみましょう。

```
for 変数 in 値を順に取り出せるオブジェクト：
    処理
ブロック
```

for文のinの後ろには、**ひとつずつ値を取り出せるようなオブジェクトを指定**します。値がなくなるまでブロック内の処理を繰り返します。**箱からものをひとつずつ取り出して、それがなくなるまで処理を繰り返す**といったイメージで取らえるとよいでしょう。

繰り返しのイメージ

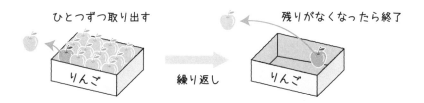

ひとつずつ取り出す　　　　　残りがなくなったら終了

りんご　　　　繰り返し　　　　りんご

for文を使用して指定した回数だけ処理を繰り返すには、**inの後ろに「range(繰り返し回数)」**を記述します。

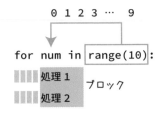

「range」はrangeクラスのコンストラクタです。**引数に「繰り返し回数」を指定して実行すると、0から「繰り返し回数 − 1」までカウントアップしていくオブジェクトが生成されます。**たとえば、range(10)では、0、1、2……9の整数が順に生成され、変数に代入されていきます。10個の値が取り出されるまで、ブロック内の処理が繰り返し実行されます。

for文で"こんにちは"と10回表示する

イメージをつかむために、**for文を使用して"こんにちは"と10回表示するプログラム**を見てみます

この場合rangeコンストラクタの引数には「10」を指定します。

for1.py

```
for counter in range(10):    ①
    print(f"{counter + 1}: こんにちは")    ②
```

①のfor文のinの後ろの「range(10)」で、「0、1、2……9」の整数を生成し、順に変数counterに格納しながらブロックの処理が繰り返し行われます。②ではフォーマット文字列を使用して変数counterに1を足した値を埋め込んで、「こんにちは」とともにprint関数で表示しています。

実行結果

1: こんにちは
2: こんにちは
3: こんにちは
…中略…
9: こんにちは
10: こんにちは   ← 10回「こんにちは」が表示される

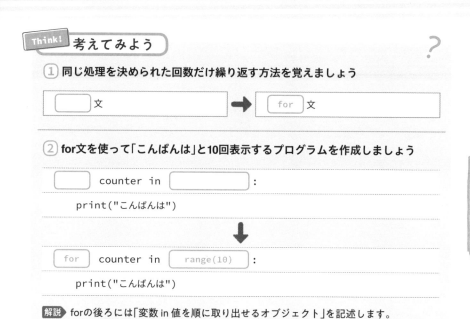

Think! 考えてみよう

① 同じ処理を決められた回数だけ繰り返す方法を覚えましょう

┌──────────┐   ┌──────────┐
│ [　　] 文 │   ➡   │ for 文   │
└──────────┘   └──────────┘

② for文を使って「こんばんは」と10回表示するプログラムを作成しましょう

```
[      ]  counter in [              ] :
    print("こんばんは")
```

⬇

```
for  counter in  range(10) :
    print("こんばんは")
```

解説 forの後ろには「変数 in 値を順に取り出せるオブジェクト」を記述します。

rangeオブジェクトのコンストラクタでループを制御する

先ほどの例では、rangeクラスのコンストラクタで引数をひとつ指定しました。この場合、0から「引数の値 − 1」までカウントアップされます。

実はrangeクラスのコンストラクタの引数には、**カウンターを開始する数値とステップ数も指定できます。**

┌────────────────────────┐
│ range コンストラクタの引数 │
└────────────────────────┘

```
range([開始], 終了, [ステップ数])
```

[開始]を省略した場合には0からカウントアップされ、**[ステップ数]を省略した場合には1ずつカウントアップ**されます。

5から50までの5の倍数を表示する例を見てみましょう。

┌──────────┐
│ for2.py │
└──────────┘

```
for counter in range(5, 51, 5):
    print(counter)
```

```
5
10
15
…中略…
45
50
```

Think! 考えてみよう ?

①for文を使って3から30までの3の倍数を表示するプログラムを作成しましょう

```
        counter in range(                ):
    print(counter)
```

⬇

```
  for   counter in range(  3, 31, 3  ):
    print(counter)
```

解説 rangeの最初の引数が「開始」、2番目の引数が「終了」、3番目の引数が「ステップ数」です。

②for文を使って10から25まで数字を表示するプログラムを作成しましょう

```
        counter in range(                ):
    print(counter)
```

⬇

```
  for   counter in range(  10, 26  ):
    print(counter)
```

解説 rangeの3番目の引数を省略すると、1ずつカウントアップされます。

カウントダウンする

カウントダウンするには、「**開始**」を「**終了**」より大きくしてステップ数にマイナスの値を指定します。

10から0まで1ずつカウントダウンする例を見てみましょう。

(for3.py)

```
for counter in range(10, -1, -1):
    print(counter)
```

この場合、「終了」には「最後の数 − 1」を指定する点に注意してください。

(実行結果)

```
10
9
8
…中略…
1
0
```

Think! **考えてみよう** ?

1 **for文を使って50から20まで5ずつカウントダウンして表示するプログラムを作成しましょう**

```
[        ]  counter in range( [            ] ):
    print(counter)
```

⬇

```
[ for ]  counter in range( [ 50, 19, -5 ] ):
    print(counter)
```

解説 ▶ カウントダウンのときは開始よりも終了の数を小さくして、ステップ数に負の値を指定しましょう。

　for文を使用したちょっと実践的な例として、平成年と西暦の対応表を表示する例を見てみましょう。

┌─────────────────────────────┐
│ heisei_to_seireki_for1.py │
└─────────────────────────────┘

```
for heisei in range(1, 32):    ①
    print(f"平成{heisei}年 - 西暦{heisei + 1988}年")    ②
```

　①でrangeコンストラクタにより1、2……31の整数を生成し順に変数heiseiに代入しています。

　②のfor文のブロックではフォーマット文字列により、変数heiseiの値と、それに1988を足した西暦の値を表示しています。

┌────────┐
│ 実行結果 │
└────────┘

平成1年 - 西暦1989年

平成2年 - 西暦1990年

平成3年 - 西暦1991年

平成4年 - 西暦1992年

平成5年 - 西暦1993年

　…中略…

平成27年 - 西暦2015年

平成28年 - 西暦2016年

平成29年 - 西暦2017年

平成30年 - 西暦2018年

平成31年 - 西暦2019年

Think! **考えてみよう**

?

1 **for文を使って10から50までの3の倍数を足しあわせるプログラムを作成しましょう**

```
sum = 0
for counter in range(              ):
    sum += counter
print(sum)
```

↓

```
sum = 0
for counter in range( 10, 51, 3 ):
    sum += counter
print(sum)
```

解説 開始の数は10、終了の数は51、ステップ数は3です。変数sumに変数counterの数値を「+=」(P74)で足していく処理を繰り返しています。実行すると「413」と表示されます。

文字列から1文字ずつ取り出す

実はfor文のinのあとに指定できるのはrangeオブジェクトだけではなく、**値をひとつずつ順に取り出すことのできるオブジェクト**を指定できます。

そのようなオブジェクトを「**イテレート可能なオブジェクト**」といいます。

```
for 変数 in イテレート可能なオブジェクト:
    処理
```

「イテレート」は耳慣れない言葉だと思いますが、「繰り返し処理」といった意味です。オブジェクトから値を順に取り出せるといった意味で捉えてください。つまりfor文は、「**inの後ろに記述したイテレート可能なオブジェクトから値を順に取り出して、変数に代入し、ブロックに記述した処理を繰り返す**」文です。

たとえば、**文字列、つまりstrクラスのインスタンスはイテレート可能**です。した

がって、for文のinの後ろに置くと文字を先頭から順に取り出せます。

次の例を見てみましょう。

`for5.py`

```
msg = "こんにちはPython"   ①
for s in msg:   ②
    print(s)   ③
```

`実行結果`

```
こ
ん
に
ち
は
P
y
t
h
o
n
```

①で変数msgに"こんにちはPython"を代入しています。for文では②で変数msgをinの後ろにおいています。これで変数msgの先頭から順に文字が取り出され、変数sに代入されていきます。③のprint関数で変数sを表示しています。

> イテレート可能なオブジェクトには、文字列のほかにChapter7で解説する「リスト」（P212）や「タプル」（P223）といったデータ型があります。

Think! 考えてみよう ?

1 for文を使って「今日は、いい天気です。」という文字列を1文字ずつ表示するプログラムを作成しましょう

```
message = "今日は、いい天気です。"
[      ]  s in  [          ] :
    print(s)
```

⬇

```
message = " 今日は、いい天気です。"
```

```
for   s in   message   :
```

```
    print(s)
```

解説「 」(スペース)、「,」(カンマ)、「.」(ピリオド)、「、」(読点)、「。」(句点)なども1文字と
して扱われます。

② 「今日は、いい天気です。」を1文字ずつ表示するときに、「1文字目：今」、「2文
字目：日」……と、「○文字目：」の文字列を追加して表示してみましょう。

```
message = " 今日は、いい天気です。"
```

```
counter = 1
```

```
for s in message:
```

```
    print(f"{counter} 文字目：{s}")
```

```
    counter
```

⬇

```
message = " 今日は、いい天気です。"
```

```
counter = 1
```

```
for s in message:
```

```
    print(f"{counter} 文字目：{s}")
```

```
    counter   += 1
```

解説「○文字目」の○の部分は毎回変わるので変数を利用します。この場合、P186の「for1.
py」と違って変数sには文字が保存されているので、○文字目を数える変数を別に用
意して1ずつ加算していく必要があります。次セクションで出てくるwhile文と似た形
になります。

02 条件が成立している間 処理を繰り返すwhile文

このセクションでは、for文と並んで代表的な繰り返しの制御構造であるwhile文について説明します。while文は条件が成り立っている間、処理を繰り返します。

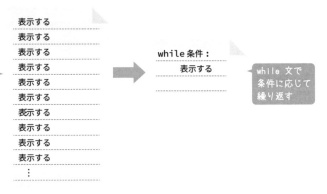

while文の仕組み

繰り返しには**while文もあります**。whileは「〜の期間」という意味で、「○○が成り立っている間、△△を繰り返す」というイメージで捉えるとよいでしょう。

while文では、まず条件が成り立つかを調べ、**成り立っている間はブロック内の処理を繰り返します**。構造としてはif文に似ています。条件判定は繰り返しのたびに行われ、条件が成り立たなくなるとブロックを抜けます。

while 条件：
　　　　処理　　　　　　　条件が成立している間は処理を繰り返す

たとえば「気温が30度を超えている間、冷房をつける」という処理を、while文を使って記述すると次のようになります。

while 気温が30度以上：
冷房をつける

Think! 考えてみよう ❓

① 条件が成り立っている間、処理を繰り返す方法を覚えましょう

| _____ 文 | ➡ | while 文 |

②「外が暗い間、照明を点ける」という処理を、while文を使って表現してみましょう

| _____ 外が暗い : | ➡ | while 外が暗い : |
| 照明を点ける | | 照明を点ける |

解説 whileは条件がTrueの間はブロックの処理を繰り返します。

while文で"こんにちは"を10回表示する

for文とrangeオブジェクトを使用して指定した回数処理を繰り返すプログラムは、while文を使用しても記述できます。

"こんにちは"を10回表示するfor1.py（P186）を、while文で記述した例を見てみましょう。

(while1.py)

```
counter = 1        ①
while counter <= 10:        ②
    print(f"{counter}: こんにちは")        ③
    counter += 1        ④
```

ループを制御する変数のことを「制御変数」と呼びます。①で制御変数counterを用意し「1」に初期化しています。

②のwhile文の条件では「counter <= 10」を設定しています。これで変数counterが10以下の間は結果はTrueとなり、ブロック内の処理を繰り返し実行しています。

③で"こんにちは"を表示して、④で制御変数counterを1ずつ増やしています。この制御変数の更新がないと、while文のループが終わらなくなるので注意しましょう。

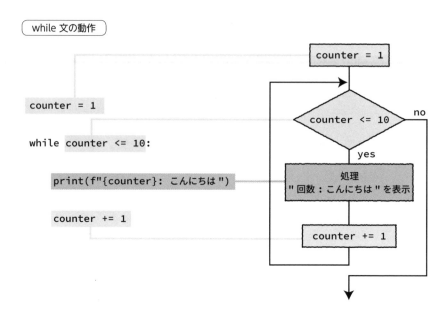

while 文の動作

```
counter = 1

while counter <= 10:

    print(f"{counter}: こんにちは ")

    counter += 1
```

Think! 考えてみよう

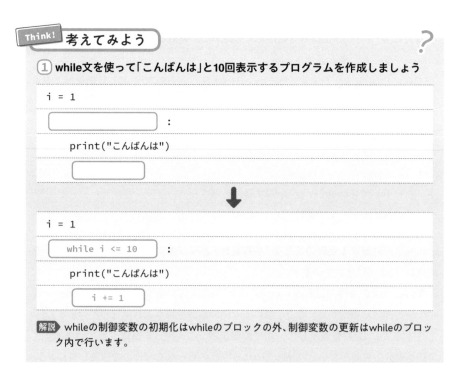

① **while文を使って「こんばんは」と10回表示するプログラムを作成しましょう**

```
i = 1
[                    ] :
    print("こんばんは")
    [              ]
```

↓

```
i = 1
[ while i <= 10 ] :
    print("こんばんは")
    [ i += 1 ]
```

解説 whileの制御変数の初期化はwhileのブロックの外、制御変数の更新はwhileのブロック内で行います。

平成年を西暦に変換する繰り返しプログラム

while文の基本が理解できたところで、平成年と西暦の変換表を表示するheisei_to_seireki_for1.py（P190）をwhile文で書き直してみましょう。

（ heisei_to_seireki_while1.py ）

```
heisei = 1    ①
while heisei <= 31:    ②
    print(f"平成{heisei}年 - 西暦{heisei + 1988}年")    ③
    heisei += 1    ④
```

①で制御変数としてheiseiを用意し1を代入しています。②でwhile文の条件に「heisei <= 31」を指定し、変数heiseiが31以下の間、処理を繰り返すようにしています。③で平成年と西暦を表示し、④で変数heiseiをカウントアップしています。

（ 実行結果 ）

平成1年 - 西暦1989年
平成2年 - 西暦1990年
平成3年 - 西暦1991年
…中略…
平成30年 - 西暦2018年
平成31年 - 西暦2019年

Think! 考えてみよう ?

[1] **while文を使って、平成31年から遡って平成と西暦の対応表を表示するプログラムを作成しましょう**

```
heisei = [    ]
while [          ] :
    print(f"平成{heisei}年 - 西暦{heisei + 1988}年")
    [          ]
```

⬇

```
heisei =    31

while    heisei >= 1    :

    print(f"平成{heisei}年 - 西暦{heisei + 1988}年")

        heisei -= 1
```

解説 制御変数をカウントダウンするときも形は変わりません。

break文でループから抜ける

　ここまでの例では、for文とwhile文のどちらを使ってもかまいません。続いて、**while文を使ったほうがシンプルに記述できる例**を見てみましょう。新たに、**ループの途中で抜けるbreak文**が登場します。

● 無限ループとbreak文の組み合わせ ●

　まず、処理を延々と繰り返すいわゆる「無限ループ」について触れておきましょう。**無限ループにするときは、while文の条件を「True」に指定します。** これで条件はつねに成立することなり、処理が繰り返し実行されます。

　これだけだとプログラムを強制終了しない限り、ループが回り続けてしまうため、**なんらかの手段でループから脱出する必要があります。**

　その場合は右のように、if文とbreak文を使用して「条件が成立したらループを抜ける」という処理がしばしば行われます。

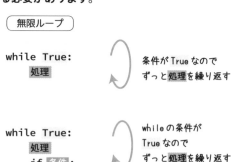

無限ループ

```
while True:
    処理
```

条件がTrueなので
ずっと処理を繰り返す

無限ループと break 文

```
while True:
    処理
    if 条件:
        break
```

whileの条件が
Trueなので
ずっと処理を繰り返す

```
while True:
    処理
    if 条件:
        break
```

条件 が成立したら ループから抜ける

Think! 考えてみよう

1 while文の無限ループを使って、1〜10まで数えるプログラムを作成しましょう

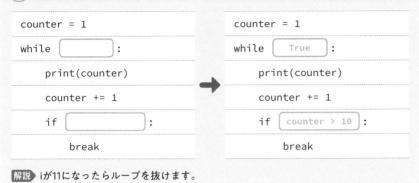

```
counter = 1
while [        ]:
    print(counter)
    counter += 1
    if [          ]:
        break
```

```
counter = 1
while ( True ):
    print(counter)
    counter += 1
    if ( counter > 10 ):
        break
```

解説 iが11になったらループを抜けます。

次の13日の金曜日はいつ？

while文とbreak文を組み合わせて使用する例として、「来月以降で最初に見つかった13日の金曜日の日付を表示する」というプログラムを示しましょう。処理の流れは次のようになります。

処理の流れ

今日の年を変数yearに代入
今日の月を変数monthに代入
while True:
if monthが12月?:
monthを1にする
yearを1増加させる
年がyear、月がmonth、日が13のdateオブジェクトを生成し変数dayに代入
if 変数dayは金曜日?:
break ← while文を抜ける
変数dayを表示

これをプログラムにすると次のようになります。

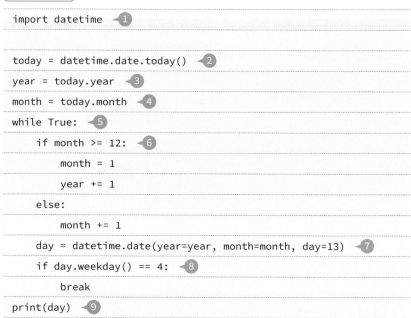

friday13.py

```
import datetime          ①

today = datetime.date.today()    ②
year = today.year        ③
month = today.month       ④
while True:            ⑤
    if month >= 12:       ⑥
        month = 1
        year += 1
    else:
        month += 1
    day = datetime.date(year=year, month=month, day=13)    ⑦
    if day.weekday() == 4:    ⑧
        break
print(day)     ⑨
```

　日付を扱うにはdatetimeモジュールのdateクラス (P118参照) を使用します。①で
datetimeモジュールをインポートし、②でdateクラスのtodayメソッドで今日の日付
のdateオブジェクトを生成して変数todayに代入しています。③で今日の年を変数
yearに、④で月を変数monthに代入しています。

　⑤のwhile文では条件をTrueに設定して無限ループにしています。while文のブロッ
クでは、次の月の13日のdateオブジェクトを生成し、金曜日であればループを抜け
ます。

　⑥のif～else文では、変数monthの値が12以上か調べ、そうであれば変数monthを
1にし、変数yearに1を足して来年の1月にしています。そうでなければ変数monthの
値に1を足しています。

```
    if month >= 12:  ◀ 月が12月であれば
        month = 1  ◀ 月を1月にする
        year += 1  ◀ 年を来年にする
    else:
        month += 1  ◀ 次の月にする
```

⑦では、変数yearと変数monthの値から13日のdateオブジェクトを生成し変数dayに代入します。

⑧のif文ではweekdayメソッドによって曜日を調べ「4」、つまり金曜日であればbreak文でwhile文を抜けています。

⑨で変数dayに格納された日付を表示しています。

(実行結果（2020年4月に実行した場合）)

```
2020-11-13
```

Think! 考えてみよう ?

① 来月以降で最初に見つかった月曜日始まりとなる月の日付を表示するプログラムを作成しましょう

```python
import datetime


target_day = datetime.date.today()

year = target_day.year

month = target_day.month

while True:

    if month >= 12:

        month = 1

        year +=1

    else:

        month = month + 1

    day = datetime.date(year=year, month=month, day=[    ])

    if day.weekday() == [    ]:

        break

print(day)
```

↓

```
import datetime


target_day = datetime.date.today()

year = target_day.year

month = target_day.month

while True:

    if month >= 12:

        month = 1

        year +=1

    else:

        month = month + 1

    day = datetime.date(year=year, month=month, day= 1 )

    if day.weekday() == 0 :

        break

print(day)
```

解説 その月が月曜で始まるということは、1日が月曜日ということになります。
datetime.date(year=year, month=month, day=1)で1日のdateオブジェクトを生成し、
day.weekday() == 0で月曜日かどうかを確かめています。

② **0から指定した値までの範囲で、3の倍数表示するプログラムを作成しましょ
う（3の倍数かどうかは、3で割った余りが0になるかどうかで判断することができ
ます）**

```
goalNum = 30

counter = 1

while True:

    if                          :  ◀ 3の倍数かどうか判断

        print( counter )
```

```
    if [                    ] :  ◀ 無限ループを抜ける条件
        break
    counter += 1
```

⬇

```
goalNum = 30
counter = 1
while True:
    if [ counter % 3 == 0 ] :
        print( counter )
    if [ counter >= goalNum ] :
        break
    counter += 1
```

解説 1から目標の値（変数goalNum）まで、ひとつずつ3の倍数かどうか判定していきます。
目標の値まで到達したら、breakで無限ループを抜けます。

ループの先頭に戻るcontinue文

break文ではループを抜けましたが、continue文を使用すると、繰り返しのブロックの残りの処理をスキップしてループの先頭に戻ることができます

無限ループと continue 文

while True:
処理1
if 条件:
continue
処理2

```
while True:
    処理1
    if 条件:
        continue
    処理2
```

whileの条件がTrueなので
無限ループで 処理1 と 処理2 を繰り返す

条件 が成立したら 処理2 をとばして ループの最初に戻る

● ドルを円に換算するプログラムを作成する ●

continue文の例として、**while文でキーボードから繰り返しドルの値を入力して、それを円の金額に変換して表示するプログラム**を見てみましょう。

　キーボードからの入力にはinput関数（P90）を使用します。input関数の結果は文字列となるため、floatコンストラクタにより浮動小数点数型に変換します。このとき例外処理（P177）により、**数値に変換できない場合には「数値を入力してください」とメッセージを表示してcontinue文でループの先頭に戻ります**。

　また、入力待ちのとき、単にEnterキーを押すとbreak文でループを抜けてプログラムを終了するようにします。プログラムの流れは次のようになります。

処理の流れ

while True:
キーボードから文字列をin_strに読み込む
if 文字列が空:
break　◄ while文を抜ける
try:
数値に変換する
except:
数値を入力してくださいとメッセージを表示する
continue　◄ ループの先頭に戻る
ドルの金額に為替レートをかけて円の金額を求めて表示する

　実際のプログラムは次のようになります。

```
dollar_to_yen_while1.py
```

```python
rate = 110.0    ①
while True:
    in_str = input("ドル?> ")    ②
    if len(in_str) == 0:    ③
        break    ④
    try:    ⑤
        dollar = float(in_str)    ⑥
    except:    ⑦
        print("数値を入力してください")    ⑧
        continue    ⑨
    print(f"{dollar * rate}円")    ⑩
```

①で為替レートを入れる変数rateを用意し、対円の為替レートの値 (ここでは
110.0)を代入しています

while文のブロックでは、②のinput関数でキーボードからの入力を読み込んで、
変数in_strに代入しています。

③のif文ではlen関数 (P100) で変数in_strの文字数を調べ、空 (長さが0) であれば④
のbreak文でwhileループを抜けています。

```
if len(in_str) == 0:    読み込んだ文字列が空(文字数が0)なら
    break    ループを抜ける
```

⑤のtry~except文ではまず、⑥でfloatコンストラクタで読み込んだ文字列in_str
を浮動小数点数型に変換し、変数dollarに代入しています。数値に変換できない場
合には例外がスローされます。⑦のexceptで例外を捕まえ、⑧で「数値を入力して
ください」と表示して、⑨のcontinue文でループの先頭に戻ります。except文では例
外クラスを指定しないためすべての例外を捕まえています。

```
try:
    dollar = float(in_str)    浮動小数点数に変換する
except:    例外が発生した?
    print("数値を入力してください")
    continue    ループの先頭に戻る
```

数値に変換できた場合には、⑩で「dollar * rate」を実行し、円の値を計算して表示しています。

実行結果

ドル?> 1

110.0円

ドル?> 5

550.0円

ドル?> hello

数値を入力してください

ドル?> Enter ──単にEnterキーを押すと終了

>>>

Think! 考えてみよう ?

① 円をドルに換算するプログラムを作成しましょう

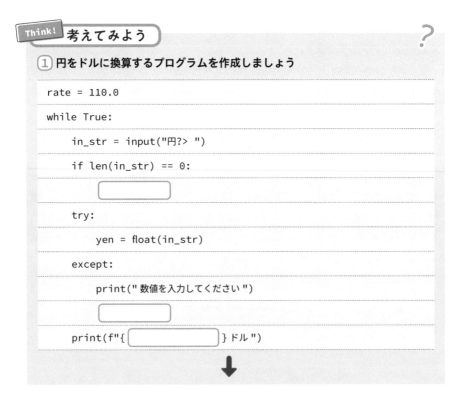

```
rate = 110.0

while True:

    in_str = input("円?> ")

    if len(in_str) == 0:

        [          ]

    try:

        yen = float(in_str)

    except:

        print(" 数値を入力してください ")

        [          ]

    print(f"{[          ]} ドル ")
```

↓

```
rate = 110.0

while True:

    in_str = input("円?> ")

    if len(in_str) == 0:

        break

    try:

        yen = float(in_str)

    except:

        print(" 数値を入力してください ")

        continue

    print(f"{ yen / rate } ドル ")
```

解説 今回は円を入力しているので、ドルを表示するときの計算は「yen / rate」となります。

② 決められた入力に対して応答してくれるチャットボットプログラムを作成し
ましょう(正しく受け答えできたときのみ、うれしそうにする機能を付けています)

```
          :

    in_str = input("なんでも聞いてください> ")

    if len(in_str) == 0:



    if in_str == "今日の天気は":

        print("晴れです")

    elif in_str == "おはよう":

        print(" もうお昼です ")

    else:

        print(" よくわかりませんでした ")

```

```
    print(" ちゃんと答えてすごいでしょ ")
```

```
while    True   :

    in_str = input("なんでも聞いてください> ")

    if len(in_str) == 0:

            break


    if in_str == "今日の天気は":

        print("晴れです")

    elif in_str == "おはよう":

        print(" もうお昼です ")

    else:

        print(" よくわかりませんでした ")

            continue


    print(" ちゃんと答えてすごいでしょ ")
```

解説 while文による無限ループを使った入力待ちのよくある例です。入力された文字列によって処理を変えるために「if ～ elif」文を使っています。「今日の天気は」と入力すると、「晴れです」「ちゃんと答えてすごいでしょ」と表示します。「おはよう」と入力すると、「もうお昼です」「ちゃんと答えてすごいでしょ」と表示します。それ以外の言葉を入力すると「よくわかりませんでした」と表示し、「ちゃんと答えてすごいでしょ」を表示する処理を飛ばすためにcontinue文でループの先頭に戻ります。

break文やcontinue文はfor文でも使える

break文やcontinue文は、前セクションで解説したfor文でも使用できます。 たとえば、文字列msgの中から0〜9の数を先頭から順に取り出してその総和を求めたいとします。このとき数値以外の文字は無視し、「＊」がきたら終了するようにします。

プログラムの処理

＊で終了

$$msg = "3-45-7*4"$$

3 + 　4+5 + 　7
msgから数字を順に取り出して足す

この処理をfor文と、break文、continue文を組み合わせて行うと次のようになります。

for_break1.py

```
msg = "3-45-7*4"　①
sum = 0　②
for s in msg:　③
    if s == "*":　④
        break
    try:　⑤
        num = int(s)　⑥
    except:　⑦
        continue
    sum += num　⑧
print(f"合計: {sum}")
```

①で変数msgに文字列を代入し、②で合計を求める変数sumを用意し0に初期化しています。

for文では③で変数msgから一文字ずつ取り出し変数sに代入しています。④のif文では変数sが"＊"の場合にbreak文でループを抜けています。

⑤のtry〜except文では、⑥でint関数で変数sを整数に変換し変数numに代入して

います。変換できなかった場合には、⑦のexcept文で例外をキャッチし、continue文でループの先頭に戻ります。

⑧で変数sumに変数numの値を加えて合計を更新しています。

(実行結果)

合計: 19

このように処理対象 (ここでは文字列) の中に、処理の実行を飛ばしたり (数字以外)、処理を終了する条件 (＊で終了) が存在する場合は、break文やcontinue文を利用します。

Think! 考えてみよう ?

① 1から10まで順番に表示していくプログラムにおいて、5を表示したあと、表示をやめる処理を入れてみましょう

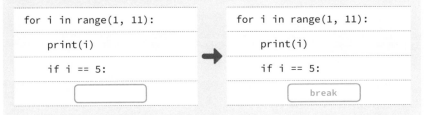

② 1から10まで順番に表示していくプログラムにおいて、5のみ表示を飛ばす処理を入れてみましょう

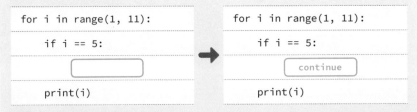

解説 breakはその時点でループを抜け、continueはそれ以降のループ内の処理をとばして次のループに移ります。そのため、2つの問題で処理を入れている位置が異なることがわかります。

リスト・タプル・辞書
でデータをまとめる

Python ではデータをまとめて管理するのに便利な
データ型がいくつか用意されています。このChapter
では、それらの中から「リスト」、「タプル」、「辞書」の操
作について説明しましょう。

01 リストとタプルで 一連のデータを管理する

リストやタプルを使うと、ひとつの変数名とインデックスと呼ばれる番号によりデータをまとめて管理できます。

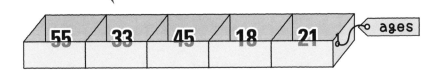

複数の値をまとめて管理

リストはなぜ必要？

リスト（list）を使うと一連のデータをまとめて管理できます。 これまで説明してきた変数は値を入れる箱のようなものですが、リストはその値を入れる箱が横に連なっているようなイメージです。

通常の変数とリスト

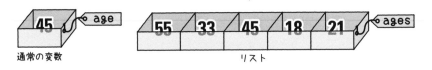

通常の変数　　　　　　　　　　　リスト

●大量のデータを扱える●

リストは**大量のデータを扱う際に便利**です。たとえば、ある学校のクラスの生徒の名前を変数に記憶しておきたいとしましょう。これを個別の変数に保存すると、student1、student2……student40といったように生徒の数だけ変数が必要になり管理が面倒です。

リストを使用すると、「**students**」というひとつの変数名ですべての生徒を管理できるようになります。リストの各データは「**変数名[番号]**」という形で指定できます。後ほど詳しく説明しますが、この番号を「**インデックス（添え字）**」といいます。**インデックスは「0」から始まる連番の整数値です。**また、各データのことを「**要素**」と呼びます。

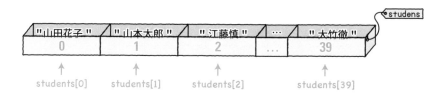

> Ⓖ リストは、Java や JavaScript などの言語では「配列」などと呼ばれるデータ型です。

● データの処理も簡単になる ●

リストを使用すると、大量データの処理が簡単になります。たとえば、リストを使用せずに、生徒の名前をすべて表示しようとすると、その数だけprint(〜)を記述する必要があり面倒です。

```
print(student1)
print(student2)
print(student3)
      ⋮
print(student40)
```

生徒の名前をリストで管理していると、同じ処理がfor文（P184「for文で処理を繰り返す」参照）を使用して、次のように**たった2行で記述できます。**

```
for s in students:
    print(s)
```

また、生徒の数が変更になってもfor文の中身を変更する必要がありません。

① 変数とリストの違いを覚えましょう

	：ひとつの値を管理する時に使う
	：一連の値をまとめて管理する時に使う

↓

変数	：ひとつの値を管理する時に使う
リスト	：一連の値をまとめて管理する時に使う

解説 リストは複数の値をまとめて扱えるのがメリットです。

リストを生成する

リストを生成して変数に代入する場合の書式を見てみましょう。

```
変数名 ＝ ［ 要素 1，要素 2，要素 3，....］
```

文字列と同じように、リストはリテラル（P87参照）で生成できます。「＝」の右辺はリストのリテラル形式です。「[ ]」内に、要素を順にカンマ「,」で区切って指定します。

●年齢を管理するリストを生成する●

実際にインタラクティブモードで試してみましょう。年齢を管理するリスト ages に5人分の年齢を格納する例を見てみます。

```
>>> ages = [21, 10, 9, 33, 31]
```

⌇カンマ「,」の後ろに半角スペースをひとつ入れると見やすくなります。

生成したリストをprint関数の引数にすると中身がリテラル形式で表示されます。

```
>>> print(ages)
```
```
[21, 10, 9, 33, 31]
```

リストはlistクラスのインスタンスです。type関数で確認してみましょう。

```
>>> type(ages)
```
```
<class 'list'>
```

インタラクティブモードでは「リストの変数名 Enter 」とするだけでもリストの内容を表示できます。

Think! 考えてみよう

① 整数のリスト「height」を作成してみましょう。リストの内容は「165、175、170、168、180」とします

```
height =
```

⬇

```
height =    [165, 175, 170, 168, 180]
```

解説 リストを作成する時は、[]で囲み、,で要素を区切ります。

② 文字列のリスト「fruits」を作成してみましょう。リストの内容は、「orange、apple、banana、grape、melon」とします

```
fruits =
```

⬇

```
fruits =    ["orange", "apple", "banana", "grape", "melon"]
```

解説 リストの要素には文字列も格納することができます。

リストの要素にアクセスする

「文字列から文字を取り出す」(P102) で見たように、文字列から指定した位置の1文字を取り出すときはインデックスを使用します。

同様に、**リストの要素の場合もインデックスでアクセスできます。**

変数名 [インデックス]

インデックスは「0」から始まる整数値です。リストagesの最初の要素と、2番目の要素を表示するには次のようにします。

```
>>> print(ages[0])
21
>>> print(ages[1])
10
```

文字列と同様に、インデックスは最後の要素を「-1」、最後から2番目を「-2」...とする数値でも指定できます。

```
>>> print(ages[-1])   最後の要素を指定
31

>>> print(ages[-2])   最後から2番目の要素を指定
33
```

リストのインデックス

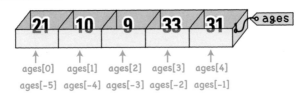

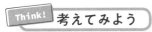

① リスト「fruits」の3番目の要素を表示してみましょう

```
fruits = ["orange", "apple", "banana", "grape", "melon"]
print(           )
```

⬇

```
fruits = ["orange", "apple", "banana", "grape", "melon"]
print( fruits[2] )
```

解説 リストのインデックスは0から始まります。そのため、3番目の要素を指定するにはインデックス「2」を指定することに注意してください。

② リスト「fruits」の最後の要素を表示してみましょう

```
fruits = ["orange", "apple", "banana", "grape", "melon"]
print(           )
```

⬇

```
fruits = ["orange", "apple", "banana", "grape", "melon"]
print( fruits[-1] )
```

解説 インデックスに負の値を指定すると「最後から○番目」という指定ができます。

●スライスでリストから指定した範囲のリストを取り出す●

文字列と同様に (P105)、**スライスを使用するとリストから指定した範囲のリストを取り出す**ことができます。

変数名 [最初の要素のインデックス : 最後の要素のインデックス + 1]

リストagesから2番目の要素から3番目の要素までを取り出して表示する例を見てみましょう。

```
>>> print(ages[1:3])
[10, 9]
```

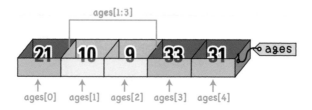

Think! 考えてみよう

① リスト「fruits」の内、3番目から5番目の要素を表示してみましょう

```
fruits = ["orange", "apple", "banana", "grape", "melon"]
print(              )
```

```
fruits = ["orange", "apple", "banana", "grape", "melon"]
print(  fruits[2:5]  )
```

解説 抜き出す最後の要素は「0からはじまる要素のインデックス+1」となります。

要素の数はlen関数で

文字列の長さを調べるのにlen関数 (P100) を使用しました。**リストの要素数もlen関数でわかります。**

```
>>> len(ages)
5
```

リストの要素を変更する

リストの要素はあとから変更可能です。リストの要素の値を変更するには、次のように「=」の左辺に要素を、**右辺に変更後の値を指定**します。

```
変数名 [ インデックス ] = 変更後の値
```

たとえば、リストagesの最初の要素を18にするには次のようにします。

```
>>> ages[0] = 18
>>> print(ages[0])
18
```

リストの要素の変更

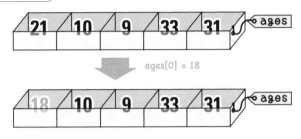

ages[0] = 18

Think! 考えてみよう ?

① リスト「fruits」の3番目の要素を「peach」に書き換えてみましょう

```
fruits = ["orange", "apple", "banana", "grape", "melon"]
          = "peach"
print(fruits)
```

```
fruits = ["orange", "apple", "banana", "grape", "melon"]
fruits[2] = "peach"
print(fruits)
```

解説 実行すると「['orange', 'apple', 'peach', 'grape', 'melon']」と表示されます。

② リスト「fruits」の最後の要素を「cherry」に書き換えてみましょう

```
fruits = ["orange", "apple", "banana", "grape", "melon"]
```
```
          = "cherry"
```
```
print(fruits)
```

⬇

```
fruits = ["orange", "apple", "banana", "grape", "melon"]
```
```
fruits[-1]  = "cherry"
```
```
print(fruits)
```

解説 実行すると「['orange', 'apple', 'banana', 'grape', 'cherry']」と表示されます

● リストに要素を追加/削除する ●

Pythonのリストは、生成後に要素を追加したり、削除したりすることもできます。リストの最後に**要素を追加するにはappendメソッドを使用**します。

append メソッド

メソッド	説明
append(値)	リストに引数で指定した要素を追加する

リストosの要素として"Linux"を追加する例を見てみましょう。

```
>>> os = ["Windows", "Mac", "Android"]
```
```
>>> os.append("Linux")
```
```
>>> print(os)
```
```
['Windows', 'Mac', 'Android', 'Linux']
```

削除するにはdel文(P67)を使用します。

```
del 変数名 [ インデックス ]
```

次に、リストosから3番目の要素を削除する例を見てみましょう。

```
>>> del os[2]
```

```
>>> print(os)
```

```
['Windows', 'Mac', 'Linux']
```

削除するとその要素が空文字になるのではなく、後続する要素がひとつ前にずれます。リストosの3番目の要素（os[2]）がLinuxに変わっていることを確認しましょう。

```
>>> print(os[2])
```

```
Linux
```

リストの要素の追加と削除

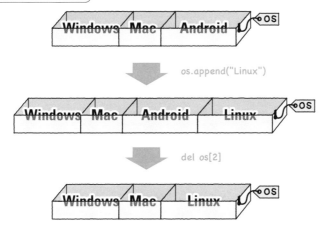

Think! 考えてみよう ?

① リスト「**fruits**」の末尾に「**peach**」を追加してみましょう

```
fruits = ["orange", "apple", "banana", "grape", "melon"]
fruits. [          ] ("peach")
print(fruits)
```

⬇

```
fruits = ["orange", "apple", "banana", "grape", "melon"]
fruits. [ append ] ("peach")
print(fruits)
```

解説 リストの最後に要素を追加する時はappendメソッドを使用します。

② リスト「**fruits**」の4番目の要素「**grape**」を削除してみましょう

```
fruits = ["orange", "apple", "banana", "grape", "melon"]
[        ]   fruits[3]
print(fruits)
```

⬇

```
fruits = ["orange", "apple", "banana", "grape", "melon"]
[ del ]   fruits[3]
print(fruits)
```

解説 リストの要素を削除する時はdel文を使用します。delは関数やメソッドではないので、del(fruits[3])とは書きません。

データを変更できないタプル

Pythonには、リストの仲間として**タプル(tuple)というデータ型**が用意されています。タプルは**データを変更できないリスト**です。

● タプルの使い方 ●

タプルを生成して変数に代入するには、次のような書式になります。

```
変数名 = ( 要素1, 要素2, 要素3, ....)
```

リストでは全体を「[ ]」で囲みましたが、タプルの場合には「( )」で囲みます。リストと同様に、**各要素にアクセスするには「[インデックス]」を指定します。**

```
変数名 [ インデックス ]
```

色名を要素とするタプルを生成して、変数colorsに代入する例を見てみましょう。

```
>>> colors = ("赤", "青", "オレンジ", "黒", "白")
```

タプルcolorsの要素を表示する例を見てみましょう。

```
>>> print(colors[0])
赤
>>> print(colors[3])
黒
>>> print(colors[-1])
白
```

タプルを囲む「( )」はわかりやすくするためのもので、実際には省略しても OK です。

```
>>> colors = "赤", "青", "オレンジ", "黒", "白"
```

① タプル「square_root」を作成してみましょう。タプルの内容は「0、1、1.414、1.732、2、2.236」としてください

```
square_root =
```

⬇

```
square_root =   (0, 1, 1.414, 1.732, 2, 2.236)
```

解説 タプルの場合は()で囲みます。()は省略できます。

② タプル「square_root」の4番目の要素を表示しましょう。タプルの内容は、「0、1、1.414、1.732、2、2.236」としてください

```
square_root = (0, 1, 1.414, 1.732, 2, 2.236)
print(                    )
```

⬇

```
square_root = (0, 1, 1.414, 1.732, 2, 2.236)
print(  square_root[3]  )
```

解説 タプルのインデックスの指定はリストと同様です。実行すると「1.732」と表示されます。

●リストとタプルの使い分け●

タプルの要素はあとから追加や変更をすることはできません。変更しようとするとTypeErrorというエラーになります。

```
>>> colors[0] = "緑"   ─ 要素を変更しようとすると...
Traceback (most recent call last):
  File "<stdin>", line 1, in <module>
TypeError: 'tuple' object does not support item assignment
```

通常は**あとから値を変更する必要のないデータにはタプル**を、**値を変更する可能性があるデータにはリスト**を使うとよいでしょう。

曜日を日本語で表示する

「曜日はweekdayメソッドで」(P126)のdate5.pyでは今日の曜日を数字で表示する方法について説明しました。ここでは、これを日本語の曜日で表示してみましょう。

曜日はdateクラスのweekdayメソッドで取得できます。戻り値は、月曜日を0、火曜日を1……日曜日を6とする整数値です。

したがって、**曜日を格納したタプルを用意して、weekdayメソッドの値をインデックスとして使用すればいいわけです。**

weekday メソッドと曜日を格納したタプル

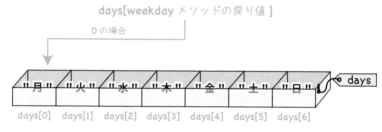

では、プログラムを見てみましょう。

weekday1.py

```python
import datetime
days = ("月", "火", "水", "木", "金", "土", "日")   ①
today = datetime.date.today()   ②
print(f"{days[today.weekday()]}曜日")   ③
```

①でタプルdaysを用意し、"月"、"火"……"日"の文字列を要素として格納しています。②でtodayメソッドにより今日の日付のdateオブジェクトを生成して変数todayに代入しています。

③ではフォーマット文字列の内部で、タプルdaysのインデックスに、todayのweekdayメソッドの戻り値を指定し、曜日の文字列を取り出しています。

実行結果

木曜日 ◀──木曜日に実行した場合

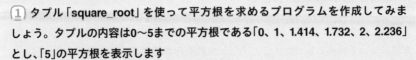

Think! 考えてみよう

1 タプル「square_root」を使って平方根を求めるプログラムを作成してみましょう。タプルの内容は0〜5までの平方根である「0、1、1.414、1.732、2、2.236」とし、「5」の平方根を表示します

```
square_root = (0, 1, 1.414, 1.732, 2, 2.236)
print(square_root[     ])
```

⬇

```
square_root = (0, 1, 1.414, 1.732, 2, 2.236)
print(square_root[ 5 ])
```

解説 タプルのインデックスと求めたい平方根が同じ数値になるように要素を記述しておきます。「5」の平方根を求めたい場合は、インデックスに「5」を指定します。
このような使い方をテーブルと呼びます。複雑な演算が必要な場合などは、あらかじめ答えを記述しておけば、素早く答えを取り出すことができます。

COLUMN シーケンス型について

　リストやタプルのように、インデックスで要素を指定できるようなデータを「**シーケンス型**」と呼びます。文字列も**テキストシーケンス型**と呼ばれる種類の特別なシーケンス型です。

```
str = "こんにちは"
print(str[1])  ◀ インデックスに1を指定して2番目の文字を表示
```

また、シーケンス型の要素数（文字数）はlen関数で取得できます。

```
length = len(str)  ◀ strの長さを変数lengthに代入
```

ただし、文字列はタプルと同様にあとから要素を変更できません。

```
str[1] = "は"  ◀ これはできない
```

リストとタプルを活用する

リストとタプルの基本がわかったところで、このセクションではこれらを便利に使うテクニックを紹介していきましょう。

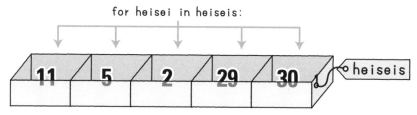

for文で
すべての要素にアクセス

リストのすべての要素に順にアクセスするには

リストのすべての要素を順に表示したいとしましょう。それには「**リスト変数名[インデックス]**」の形式で順にアクセスできます。

まず、リストpointsの要素をひとつずつ、print文で表示する例を見てみます。

list_for1.py

	実行結果
`points = [89, 70, 54, 50, 40]`	89
`print(points[0])`	70
`print(points[1])`	54
`print(points[2])`	50
`print(points[3])`	40
`print(points[4])`	

要素数が数個ならこれでもかまいませんが、要素数が多い場合は現実的ではありません。たとえば、リストagesに要素が100個ある場合には、100行の「print(〜)」を記述する必要があります。

```
print(points[0])
print(points[1])
 ⋮
print(points[99])
```

for文でリストの要素を順に表示する

文字列のすべての文字を順に取り出すのにfor文を使用できることは、「文字列から1文字ずつ取り出す」(P191)で解説しました。たとえば、変数msgに代入した文字列の先頭から1文字ずつに取り出して表示するには次のようにします。

for5.py

```
msg = " こんにちは Python"
for s in msg:
    print(s)
```

P191で述べたように、for文のinの後ろには、「イテレート可能なオブジェクト」を指定できるのでしたね。

```
for 変数 in イテレート可能なオブジェクト:
    処理
```

リストやタプルもイテレート可能なオブジェクトです。したがって、次のようにすることで要素に順にアクセスできるのです。

```
for 変数 in リストやタプル:
    処理
```

先ほどのリストpointsの要素を順に表示する「list_for1.py」を、for文で記述してみましょう。

```
list_for2.py
```

```
points = [89, 70, 54, 50, 40]
for p in points:    ①
    print(p)    ②
```

①for文のinの後ろにリストpointsを記述しています。これでリストpointsから要素を順に取り出して変数pに格納し、②のprint関数で表示できます。

```
実行結果
```

```
89
70
54
50
40
```

なお、この例ではpointsはリストですが、これを()でくくってタプルにしても同じように動作します。

Think! 考えてみよう ?

① 文字列のタプル「names」を作成し、for文を使って順に表示してみましょう。タプルの内容は「太郎、花子、由紀子、真一」とします

```
names = ("太郎", "花子", "由紀子", "真一")
for s in          :
    print(s)
```

⬇

```
names = ("太郎", "花子", "由紀子", "真一")
for s in   names   :
    print(s)
```

解説 リストやタプルでは、for文のinのあとに記述することで、各要素に対してひとつずつ処理を行えます。

for文で平成年のリストを西暦に変換する

もうひとつ、別の例を見てみましょう。リストheiseisの各要素に平成の年が保存されているものとして、それを西暦に変換して表示するプログラムをつくってみます。

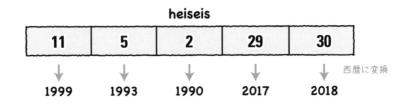

heiseis

西暦の年は、平成の年の値に1988を足すことで求められます。

heisei_to_seireki_list1.py

```
heiseis = [11, 5, 2, 29, 30]   ①
for heisei in heiseis:   ②
    seireki = heisei + 1988   ③
    print(f"平成{heisei}年 -> 西暦{seireki}年")   ④
```

①でリストheiseisを用意して、適当な年の値を設定しています。②のfor文でリストheiseisから要素を取り出し、変数heiseiに代入しています。

③で変数heiseiの値に1988を足して変数seirekiに代入し、④のprint関数で表示しています。

実行結果

平成11年 -> 西暦1999年

平成 5 年 -> 西暦 1993 年

平成 2 年 -> 西暦 1990 年

平成 29 年 -> 西暦 2017 年

平成 30 年 -> 西暦 2018 年

えてみよう

① 先の例題のリスト「heiseis」のうち、西暦2000年以降の年のみ表示するプログラムを作成してみましょう

```
heiseis = [11, 5, 2, 29, 30]
for heisei in heiseis:
    seireki = heisei + 1988
    if           :
        print(f"平成 {heisei} 年 -> 西暦 {seireki} 年 ")
```

```
heiseis = [11, 5, 2, 29, 30]
for heisei in heiseis:
    seireki = heisei + 1988
    if  seireki >= 2000  :
        print(f"平成 {heisei} 年 -> 西暦 {seireki} 年 ")
```

解説 for文の内部で、if文などのほかの制御文を使用してもかまいません。

② 西暦の年が入っているリスト「seirekis」を平成に変換して表示するプログラムを作成してみましょう。その際、平成年の範囲チェックを行うようにしてみましょう（平成は1年～31年とします）

```
seirekis = [1985, 1992, 1995, 2004, 2018, 2020]
for seireki in            :
    heisei = seireki - 1988
    if                     :
        print(f"西暦 {seireki} 年 -> 平成 {heisei} 年 ")
```

hapter 7

02 リストとタプルを活用する　231

```
seirekis = [1985, 1992, 1995, 2004, 2018, 2020]

for seireki in  seirekis  :

    heisei = seireki - 1988

    if  heisei >= 1 and heisei <= 31  :

        print(f" 西暦 {seireki} 年 -> 平成 {heisei} 年 ")
```

解説 平成の範囲は1年～31年ですので、「1年以上」かつ「31年以下」という条件を追加しています。実行した際は、1985年と2020年は表示されません

リストやタプルに要素が存在するかを調べる

リストやタプルの要素に、指定した値が存在するかを調べたいことがあります。それには**in演算子を使用します**。

> 調べたい値 in リストやタプル

in演算子の戻り値はブール値です。値が存在していればTrue、存在していなければFalseを返します。

色名を要素とするタプルcolorsに、ある色が存在しているかを調べる例を見てみましょう。

```
>>> colors = ("赤", "青", "オレンジ", "黒", "白")
>>> "赤" in colors
True
>>> "緑" in colors
False
```

ダブルcolorsにある色ではTrueが、ない色ではFalseが表示されます。

Think! 考えてみよう

① リスト「names」に「花子」が存在しているかどうか表示してみましょう。リストの内容は「太郎、花子、由紀子、真一」としてください

```
names = [" 太郎 ", " 花子 ", " 由紀子 ", " 真一 "]

print(                    )
```

⬇

```
names = [" 太郎 ", " 花子 ", " 由紀子 ", " 真一 "]

print(    "花子" in names    )
```

解説 「花子」は存在するので、実行するとTrueと表示されます。

② 入力した値がタプル「seirekis」に存在しているとき、「存在しています」と表示するプログラムを作成してみましょう。タプルの内容は「1985, 1992, 1995, 2004, 2018, 2020」とします

```
seirekis = (1985, 1992, 1995, 2004, 2018, 2020)

input_num = int(input(" 西暦 ?> "))

if                          :

    print(" 存在しています ")
```

```
seirekis = (1985, 1992, 1995, 2004, 2018, 2020)

input_num = int(input(" 西暦 ?> "))

if   input_num in seirekis   :

    print(" 存在しています ")
```

解説 in演算子はTrue・Falseのブール値を返すので、if文の条件に用いることができます。

リストのメソッドについて

リストはlistクラスのインスタンス、タプルはtupleクラスのインスタンスです。**そ
れらのクラスには多くのメソッドが用意されています。**ここではリストに用意され
ているメソッドをいくつか紹介しましょう。

● 要素の順番を逆順にする ●

reverseメソッドを使用すると要素の順番を逆順にできます。

(heisei_to_seireki_list1.py)

メソッド	説明
reverse()	要素の順番を逆にする

インタラクティブモードで試してみましょう。

```
>>> numbers = [9, 5, 10, 8, 2]
>>> numbers.reverse()
>>> numbers
[2, 8, 10, 5, 9]
```

最後の要素の2が先頭にきて、順序が入れ替わっていることがわかります。

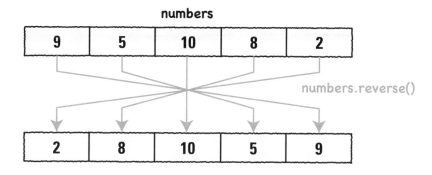

numbers

| 9 | 5 | 10 | 8 | 2 |

numbers.reverse()

| 2 | 8 | 10 | 5 | 9 |

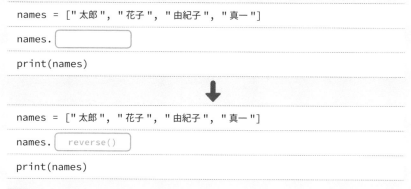

Think! **考えてみよう**

① リスト「names」の要素を逆順に表示するプログラムを作成してみましょう。
リストの内容は「太郎、花子、由紀子、真一」とします

```
names = [" 太郎 ", " 花子 ", " 由紀子 ", " 真一 "]
names. ▭
print(names)
```

⬇

```
names = [" 太郎 ", " 花子 ", " 由紀子 ", " 真一 "]
names. reverse()
print(names)
```

解説 要素が文字列であっても、逆順にすることができます。

● リストの要素をソートする ●

sortメソッドを使用するとリストの要素を並び替えられます。

sort メソッド

メソッド	説明
sort()	リストの要素を昇順に並び替える （引数に「reverse=True」を指定すると降順）

引数を指定しなかった場合には、昇順に並び替えられます。

```
>>> numbers = [9, 5, 10, 8, 2]
```
```
>>> numbers.sort()
```
```
>>> numbers
```
```
[2, 5, 8, 9, 10]
```

引数に「reverse=True」を指定した場合には降順に並び替えられます。

```
>>> numbers = [9, 5, 10, 8, 2]
```
```
>>> numbers.sort(reverse=True)
```
```
>>> numbers
```
```
[10, 9, 8, 5, 2]
```

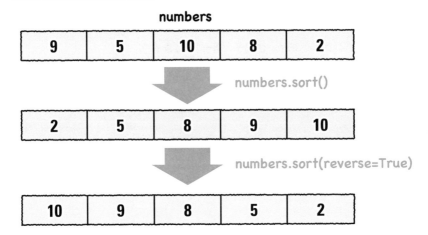

● 平成年のリストをソートして表示する ●

sortメソッドの使用例として、平成年の入れられたリストを西暦に変換する heisei_to_seireki_list1.py（P230）を、年が小さい順に表示する例を見てみましょう。

heisei_to_seireki_list2.py

```
heiseis = [11, 5, 2, 29, 31]
```
```
heiseis.sort()    ① 
```
```
for heisei in heiseis:
```
```
    seireki = heisei + 1988
```
```
    print(f"平成{heisei}年 -> 西暦{seireki}年")
```

追加したのは①の部分です。sortメソッドでリストheiseisの要素を昇順に並び替えています。

実行結果

平成2年 ->	西暦1990年
平成 5 年 ->	西暦 1993 年
平成 11 年 ->	西暦 1999 年
平成 29 年 ->	西暦 2017 年
平成 31 年 ->	西暦 2019 年

Think! 考えてみよう ?

① 例題のリスト「heiseis」を西暦に変換し、sortメソッドを使って降順に表示するプログラムを作成してみましょう

```
heiseis = [11, 5, 2, 29, 31]

for heisei in heiseis:
    seireki = heisei + 1988
    print(f" 平成 {heisei} 年 -> 西暦 {seireki} 年 ")
```

```
heiseis = [11, 5, 2, 29, 31]
heiseis.sort(reverse=True)
for heisei in heiseis:
    seireki = heisei + 1988
    print(f" 平成 {heisei} 年 -> 西暦 {seireki} 年 ")
```

解説 引数を「reverse=True」とすることで降順になります。

② リスト「animals」をソートして表示してみましょう

```
animals = ["ねこ", "とり", "ひつじ", "いぬ", "うま"]
```

```
print(animals)
```

⬇

```
animals = ["ねこ", "とり", "ひつじ", "いぬ", "うま"]
```

```
animals.sort()
```

```
print(animals)
```

解説 実行すると、「['いぬ','うま','とり','ねこ','ひつじ']」と先頭の文字の文字コード順にソートされます。文字コード順なので、ひらがなやカタカナなどの複数の文字種が混在していたり、漢字の場合は、あいうえお順にはならないので注意しましょう。

キーと値のペアでデータを管理する辞書

このセクションでは、リストとタプルと並んで重要な、複数の値を管理するデータ型として辞書を紹介します。

キー	値
カレー	14
ラーメン	10
焼き肉	8
寿司	15
その他	4

キー：値のペアでデータを管理

辞書とは

辞書 (dict) は、「キー」と「値」のペアで複数のデータを管理するデータ型です。「キー：key」は日本語では「鍵」ですが、文字通り**対応する値を取り出す鍵となるデータ**のことです。

たとえば、英和辞典のように、英語の曜日をキーに、日本語の曜日を管理することができます。

辞書のキーと値の例

キー	値
Sunday	日曜日
Monday	月曜日
Tuesday	火曜日
Wednesday	水曜日
Thursday	木曜日
Friday	金曜日
Saturaday	土曜日

辞書にこれらのデータを格納した場合、たとえば"Tuesday"をキーに"火曜日"という値を取り出すことができます。

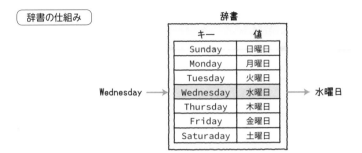

辞書の仕組み

考えてみよう

①「キー」と「値」のペアで複数のデータを管理するデータ型について覚えましょう

| | :「キー」と「値」のペアで複数のデータを管理するデータ型 |

↓

| 辞書 | :「キー」と「値」のペアで複数のデータを管理するデータ型 |

解説 辞書は「dict」ともいいます。

辞書を生成する

では、**辞書を生成して変数に代入する場合の書式**を見てみましょう。

```
変数 = {キー1:値1, キー2:値2, ....}
```

キーと値のペアを「キー:値」の形式で記述し、カンマ「,」で区切って並べます。全体を「{}」で囲みます。

まず、好きな食べ物のアンケート結果を格納する辞書foodsを生成する例を見てみましょう。各要素は食べ物名をキー、得票数を値にしています。

```
>>> foods = {"カレー":14, "ラーメン":10, "焼肉":8, "寿司":15, "その他":4}
```

Pythonでは辞書はdictクラスのインスタンスです。type関数で調べてみましょう。

```
>>> type(foods)
<class 'dict'>
```

dictと表示されます。これが辞書のクラスです。

Chapter 7

Think! 考えてみよう ?

1. 表のデータの血液型別の人数を保存する辞書を作成してみましょう。変数名はblood_typeです。

辞書のキーと値

キー	値
A	14
B	8
AB	5
O	12

blood_type = [   ]

blood_type = [{"A":14, "B":8, "AB":5, "O":12}]

解説 「血液型:人数」のキーと値のペアをカンマで区切り、全体を{}で囲みます。

● 指定したキーの値を取り出す ●

辞書から**指定したキーに対応する値を取り出す**ときは次のように書きます。

```
変数[キー]
```

変数の後ろに「**[キー]**」を指定します(「{キー}」でない点に注意してください)。

```
>>> foods["カレー"]
14
```

ここでは**キーが文字列**なので、値を取り出すときも**キーを" "で囲みます**。指定したキーが存在しない場合はエラーになります。

```
>>> foods["うなぎ"]
Traceback (most recent call last):
  File "<stdin>", line 1, in <module>
KeyError: 'うなぎ'
```

キーのエラーなので、KeyErrorというエラーが表示されています。

① 先に作成した辞書「blood_type」から、AB型の人数を取り出してみましょう

```
blood_type = {"A":14, "B":8, "AB":5, "O":12}
print(          )
```

⬇

```
blood_type = {"A":14, "B":8, "AB":5, "O":12}
print( blood_type["AB"] )
```

解説 辞書から要素を取り出すには、インデックスではなくキーを使います。blood_type[2]などと指定するとKeyErrorになるので注意しましょう。

● 要素数はlen関数でわかる ●

リストやタプルと同じく、辞書に格納されていている要素数もlen関数でわかります。

```
>>> len(foods)
5
```

● 要素を変更する ●

次のような形で要素に値を代入すると、要素の値を変更できます。

```
変数[キー] = 値
```

foodsのキーが「カレー」の値を15に変更するときは次のように書きます。

```
>>> foods["カレー"] = 15
```

また、**存在しないキーを指定した場合には要素が追加されます**。キー"焼きそば"の値として5を追加する例を見てみましょう。

```
>>> foods["焼きそば"] = 5
```

```
>>> print(foods)
```

{'カレー': 15, 'ラーメン': 10, '焼肉': 8, '寿司': 15, 'その他': 4, '焼き
そば': 5}

foodsの末尾に「'焼きそば':5」が追加されたことがわかります。

Think! **考えてみよう** ?

① 先に作成した辞書「blood_type」の要素数を表示してみましょう

```
blood_type = {"A":14, "B":8, "AB":5, "O":12}
```

```
print(                    )
```

⬇

```
blood_type = {"A":14, "B":8, "AB":5, "O":12}
```

```
print(   len(blood_type)   )
```

解説 実行すると「4」と表示されます。

**② 「blood_type」の内、O型の人数を15人に変更し、血液型不明を表すキー
UNKNOWNの値を10人にして追加してみましょう。**

```
blood_type = {"A":14, "B":8, "AB":5, "O":12}
```

```
                         = 15
```

```
                         = 10
```

⬇

```
blood_type = {"A":14, "B":8, "AB":5, "O":12}
```

```
   blood_type["O"]       = 15
```

```
   blood_type["UNKNOWN"] = 10
```

解説 辞書にあるキーを指定した場合は値の上書き、辞書にないキーを指定した場合は
要素の追加になります。print(blood_type)を実行すると「{'A': 14, 'B': 8, 'AB': 5, 'O': 15,
'UNKNOWN': 10}」と表示されます。

●要素を削除する●

要素を削除するには**del文**を使用します。

```
del 変数[キー]
```

値を指定する必要はありません。

```
>>> del foods["寿司"]
>>> print(foods)
{'カレー': 15, 'ラーメン': 10, '焼肉': 8, 'その他': 4, '焼きそば': 5}
```

「寿司」が削除されたことが確認できます。

指定したキーが存在するかを調べる

指定したキーの要素が辞書にあるかを調べるには**in演算子を使用**します。

```
>>> "焼きそば" in foods
True
```

●その食べ物は人気？●

次に、キーボードから食べ物の名前を入力し、それが辞書foodsにあればその得票数を表示する例を見てみましょう。

foods1.py

```
foods = {"カレー":14, "ラーメン":10, "焼肉":8, "寿司":15, "その他":4}

food = input("好きな食べ物は?: ")

if food in foods:
    print(f"得票数:{foods[food]}")
else:
    print(f"{food}はありません")    5
```

①で辞書foodsに食べ物と得票数のペアを設定しています。②でinput関数を使用してキーボードから食べ物名を入力し、変数foodに代入しています。

③のif文では「food in foods」で、入力した食べ物名が辞書にあるかを調べ、あれば④で得票数を表示しています。なければ⑤で「〜はありません」と表示しています。

実行結果（食べ物名が辞書にある場合）

好きな食べ物は？: ラーメン
得票数:10

実行結果（食べ物名が辞書にない場合）

好きな食べ物は？: トムヤムクン
トムヤムクンはありません

Think! 考えてみよう ?

① 辞書「blood_type」から「AB型」を削除してみましょう

```
blood_type = {"A":14, "B":8, "AB":5, "O":12}
```

⬇

```
blood_type = {"A":14, "B":8, "AB":5, "O":12}
```

```
del blood_type["AB"]
```

解説 print(blood_type)とすると、AB型が消えていることが確認できます。

② 「**blood_type**」の内、入力した血液型の人数を表示するプログラムを作成し
てみましょう

```
blood_type = {"A":14, "B":8, "AB":5, "O":12}

input_type = input("問合せたい血液型は?: ")

if [            ] in [            ] :

    print(f"人数:{blood_type[input_type]}")

else:

    print(f"{input_type}型は登録されていません")
```

↓

```
blood_type = {"A":14, "B":8, "AB":5, "O":12}

input_type = input("問合せたい血液型は?: ")

if [ input_type ] in [ blood_type ] :

    print(f"人数:{blood_type[input_type]}")

else:

    print(f"{input_type}型は登録されていません")
```

解説 「キー in 辞書」とすることで、キーが辞書に存在するか確認できます。

辞書の要素をfor文で表示する

辞書のすべての要素を、for文を使用して順に表示することができます。いくつか
やり方がありますが、ここでは**すべての要素のキーを取得してそれをfor文で順に処
理する**方法について説明しましょう。**keysメソッド**を使用します。

（ keys メソッド ）

メソッド	説明
keys()	辞書のすべてのキーを取得する

keysメソッドの戻り値は**dict_keysクラスのインスタンス**で、**これはリストの仲間ですのでイテレート可能**です。したがってfor文で要素を順に取り出せます。辞書foodsの要素を順に表示する例を見てみましょう。

foods.2.py

```
foods = {"カレー":14, "ラーメン":10, "焼肉":8, "寿司":15, "その他":4}


for food_key in foods.keys():    ①
    print(f"{food_key}: {foods[food_key]}")    ②
```

①で**for文のinの後ろに「foods.keys()」を指定し、keysメソッドで辞書foodsのキーをすべて取り出して、順に変数food_keyに代入しています**。②でフォーマット文字列を使用して、キー「food_key」と値「foods[food_key]」のペアを表示しています。

実行結果

カレー: 14
ラーメン: 10
焼肉: 8
寿司: 15
その他: 4

Think! **考えてみよう**   ?

① 辞書のキーを取り出す方法を覚えましょう

```
blood_type = {"A":14, "B":8, "AB":5, "O":12}
```
blood_type. _____

↓

```
blood_type = {"A":14, "B":8, "AB":5, "O":12}
```
blood_type. keys()

解説 keysメソッドで辞書のキーを取り出せます。

② **for文を使って「blood_type」の要素をすべて表示してみましょう**

```
blood_type = {"A":14, "B":8, "AB":5, "O":12}

for type in [                    ]:

    print(f"{type}型は{blood_type[type]}人です")
```

⬇

```
blood_type = {"A":14, "B":8, "AB":5, "O":12}

for type in [ blood_type.keys() ]:

    print(f"{type}型は{blood_type[type]}人です")
```

解説 print(blood_type)と辞書そのものを表示する場合と異なり、for文を用いることで
それぞれの要素について処理を行うことができます。
この例のように、表示の形式を変えることもできますし、人数を足しあわせて表示
するといった演算を行うこともできます。

COLUMN **変更可能なオブジェクトと変更不可能なオブジェクト**

Pythonのデータは、**変更可能**（ミュータブル）と**変更不可能**（イミュータブル）なオブジェクトに大別されます。たとえば、リスト（listクラス）や辞書（dictクラス）は変更可能なオブジェクトですが、タプル（tupleクラス）は変更不可能なオブジェクトです。

また、文字列（strクラス）や数値（intクラス）、浮動小数点数（floatクラス）も変更不可能なオブジェクトです。

変更可能な型と変更不可能な型の例

変更可能な型	変更不可能な型
リスト（list）	文字列型（str）
辞書（dict）	整数型（int）
セット（set）	浮動小数点数型（float）
	タプル型（tuple）

なお、数値や文字列が変更不可能なデータ型というのは違和感があるかもしれません。次の例では変数numに数値の3を代入し、次にその値に5を加えて再び変数numに代入しています。

```
>>> num = 3
>>> num = num + 5     numの値は8になる
```

この例は、整数型のオブジェクトの値を変更しているように見えるかもしれませんが、実は違います。

実際には、足し算が実行されると新たなオブジェクトが生成され、変数numが参照しているオブジェクトは計算前と計算後では異なるのです。

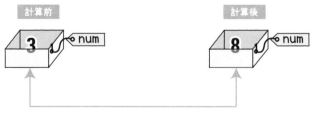

オブジェクトが異なる

処理を関数に
まとめる

関数は処理をまとめて名前で呼び出せるようにしたものです。これまではprint関数などあらかじめPythonに用意されている組み込み関数を使用してきましたが、関数は自分でつくることもできます。このChapterではオリジナルの関数を作成する方法について解説します。

簡単な関数を定義してみよう

よく使う処理をとして関数にまとめておくと、そのつど処理を記述する手間を省くことができ、プログラムの見通しもよくなります。

```python
def hello2(name):
    print("こんにちは " + name + " さん ")

hello2(" 田中 ")
hello2(" 山田 ")
```

> よく使う処理は
> 関数にまとめられる

関数とは

まず、復習をかねて関数について確認しておきましょう。関数は**ひとまとまりの処理をまとめて関数名で呼び出せるようにしたもの**です。

関数に渡す値を「**引数**」、関数が結果として戻す値を「**戻り値**」と呼びます。

● 関数は引数と戻り値の情報がわかれば使用できる ●

現実世界でガチャガチャの動作を関数として考えてみましょう。お金を入れてレバーを回すとカプセルトイが出てきますが、**お金を引数、カプセルトイを戻り値**と考えるとよいでしょう。このとき、関数の中身は魔法の箱やブラックボックスに例えられます。内部でどのような処理が行われているかは必ずしも知る必要がないという意味です。

たとえば組み込み関数のmaxは、任意の数の引数を与えるとその最大値を戻すという動作をします。

max 関数の動作

```
>>> max(3, 100, 20)
100
```

この場合も、max関数を使う上で知っておく必要があるのは、複数の引数を与えるとその最大値が戻されるということだけです。

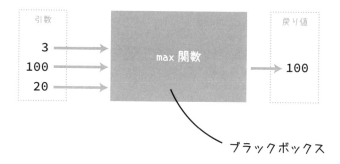

ブラックボックス

なお、関数とメソッドは基本的に同じものと考えてかまいません。クラスの内部で定義されている関数をメソッドと呼びます。

① 関数について覚えましょう

> 関数：[   ] をまとめて [   ] で呼び出せるようにしたもの

> 関数： 処理 をまとめて 名前 で呼び出せるようにしたもの

解説 関数はあらかじめPythonに用意されたものと、自分で作るものがあります。

---

② 関数の動作について覚えましょう

> [   ] ：関数に処理させるために必要な値
>
> [   ] ：関数に処理させた結果の値

> 引数 ：関数に処理させるために必要な値
>
> 戻り値 ：関数に処理させた結果の値

解説 「戻り値」は「返り値」とも呼ばれます。引数は関数への入力、戻り値は関数からの出力ともいえます。

関数の定義

では、**関数を定義する際の基本的な書式**を見てみましょう。

（関数の書き方）

```
def 関数名 ( 引数 1 , 引数 2 , ...):
    処理
    return 戻り値
```

（インデント）

　　関数の中身は、インデントを設定してブロックにします。**戻り値がある場合には
return文で値を記述**します

引数と戻り値のない関数を定義する

引数や戻り値のない関数もあります。もっともシンプルな関数の例として、単に"こんにちは"と表示するhello1関数を定義してみましょう。

```
def hello1():    ①
    print("こんにちは")    ②


hello1()    ③
hello1()    ④
```

①でhello1関数を定義しています。このように引数がない場合でも、最後に「()」を記述する必要がある点に注意しましょう。

関数の内部では、②でprint関数により"こんにちは"と表示しています。

③④で2回hello1関数を呼び出しています。

(実行結果)

```
こんにちは
こんにちは
```

?

① 「こんばんは」と表示する関数「**greeting**」を作成し、呼び出してみましょう。関数の引数や戻り値はありません

```
def ⬚           :
    print("こんばんは")



⬚        ⬛関数を呼び出す
```

➡

```
def  greeting()  :
    print("こんばんは")



 greeting()
```

解説 引数がなくても()を付ける必要があります。関数の内部はインデントして記述しますが、関数を呼び出すのは関数の外です。その際、インデントの設定に注意するようにしましょう。

Chapter

8

●関数は呼び出す前に定義する●

　関数を定義する位置は、関数を呼び出している文より前である必要があります。次のように前述のhello1の定義をプログラムの後ろにすることはできません。

`hello1_2.py`

```
hello1()    関数の定義よりも前に呼び出し
```

```
def hello1():
    print("こんにちは")
```

　これを実行すると次のようなNameErrorというエラーが表示されます。

`実行結果`

```
NameError: name 'hello1' is not defined
```
hello1が定義されていないというエラー

　ほかのプログラム言語には関数を呼び出したあとで定義していてもエラーにならないものもありますが、Pythonではエラーになります。

引数のある関数を定義する

　続いて**引数のある関数**の例として、人の名前を引数として受け取り、"こんにちは○○さん"と表示するhello2関数を見てみましょう。この関数にも戻り値はありません。

`hello2.py`

```
def hello2(name):    ①
    print("こんにちは" + name + "さん")    ②


hello2("田中")    ③
hello2("山田")    ④
```

　hello2関数の定義では①で、引数にnameを指定しています。②で渡された引数nameを"こんにちは"と"さん"に連結して表示しています。
　③④で、引数にそれぞれ"田中"、"山田"を指定してhello2関数を呼び出しています。

実行結果

こんにちは田中さん ← ③の実行結果
こんにちは山田さん ← ④の実行結果

このように、print関数を何度も書かなくても、「hello2(引数);」と書くだけで画面に表示できます。これが関数を利用するメリットです。

Think! 考えてみよう ?

① **引数をそのまま2回表示する関数「echo」を作成してみましょう**

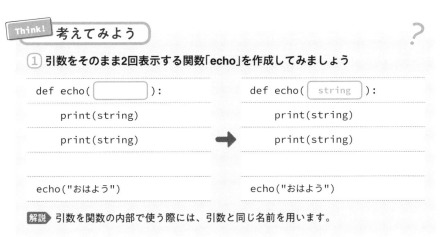

```
def echo(       ):

    print(string)

    print(string)


echo("おはよう")
```

```
def echo( string ):

    print(string)

    print(string)


echo("おはよう")
```

解説 引数を関数の内部で使う際には、引数と同じ名前を用います。

戻り値のある関数を定義する

続いて、**戻り値のある関数**を定義してみましょう。関数から値を戻すには**return文**を使用します。

ドルの金額と為替レートを引数として受け取り、円の金額を返すdollar_to_yen関数を定義します。

為替レート

```
def dollar_to_yen(dollar, rate):
    return dollar * rate
```

①でdollar_to_yen関数を定義しています。

②のreturn文では、引数dollarと引数rateの値を掛けて円の金額を計算して戻しています。

次に、dollar_to_yen関数を呼び出している部分を示します。

```
rate1 = 110.0
dollar1 = 2.0
yen = dollar_to_yen(dollar1, rate1)
print(f"{dollar1}ドル -> {yen}円")

dollar2 = 4.0
yen = dollar_to_yen(dollar2, rate1)
print(f"{dollar2}ドル -> {yen}円")
```

③⑤でdollar_to_yen関数を呼び出して、その戻り値を変数yenに代入しています。④⑥でドルと円の金額を表示しています。

実行結果

```
2.0ドル -> 220.0円  ◀─ ④の実行結果
4.0ドル -> 440.0円  ◀─ ⑥の実行結果
```

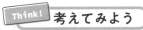
① 引数を2倍して返す関数「**two_times**」を作成し、実行してみましょう。ここでは引数を「**3**」として、その結果を表示してみます

```
def two_times(num):

    return 
```

```
print(                    )
```

➡

```
def two_times(num):

    return    num * 2
```

```
print(   two_times(3)   )
```

解説 関数「two_times」は計算結果を表示するのではなく、戻り値として呼び出し元に返します。そのため、呼び出し元で戻り値を表示する処理を行っています。

② 引数を2つ受け取り、足しあわせた結果を返す関数「**add**」を作成してみましょう

```
def add(                ):

    return num1 + num2
```

```
print(add(5, 6))
```

➡

```
def add(   num1, num2   ):

    return num1 + num2
```

```
print(add(5, 6))
```

解説 引数を複数使用するには、複数の引数をカンマで区切って記述します。その際、引数の名前が重複しないように注意しましょう。

関数活用のポイント

このセクションでは、変数のスコープやキーワード引数といった、関数を活用していくうえで覚えておきたいポイントをいくつか紹介しましょう。

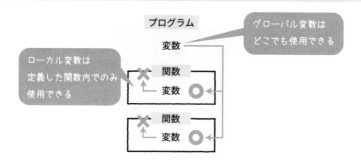

プログラム

変数

グローバル変数は
どこでも使用できる

ローカル変数は
定義した関数内でのみ
使用できる

関数

変数

関数

変数

変数のスコープについて

変数には「**スコープ**」と呼ばれる**有効範囲**があります。とくに自分で関数を定義する場合は、変数のスコープを意識しておく必要があります。そうしないと変数を参照できないといったことが起こる場合があります。

●グローバル変数のスコープ●

Pythonでは、**関数の外部で値を代入した変数を「グローバル変数」と呼びます。グローバル変数のスコープはプログラム全体**です。関数の内部からも参照できます。例を見てみましょう。

global1.py

```
def test():       ①
    print(global_val)       ②


global_val = "グローバル変数"       ③
test()       ④
```

③で変数global_valに "グローバル変数"という文字列を代入しています。関数の外部で値を代入しているので、変数global_valは任意の場所から参照できるグローバル変数となります。①で関数testを定義し、その内部の②で変数global_valを表示しています。④でtest関数を呼び出すと、変数global_valの値が表示されます。

グローバル変数

● ローカル変数のスコープ ●

関数の内部で値を代入した変数を「ローカル変数」といいます。ローカル変数のスコープは関数の内部のみです。したがって、ローカル変数は関数の外部では参照できません。

（local1.py）

```
def test(hello):        ①
    local_val = "ローカル変数"    ②
    print(local_val)    ③
    print(hello)        ④


test("こんにちは")
# print(local_val)      ⑤
# print(hello)          ⑥
```

①で引数helloを受け取るtest関数を定義し、②で変数local_valに値を代入しています。この場合、引数helloと変数local_valはローカル変数となり、関数の内部でのみ有効です。③④でそれらを表示しています。

この状態で実行すると、それぞれの値が表示されます。

（実行結果）

ローカル変数 ← ③の結果
こんにちは ← ④の結果

次に⑤のコメントを外して（行頭の#を削除して）、実行してみましょう。次のようなエラーになるはずです。ローカル変数local_valは関数の外部からは参照できないからです。

NameError: name 'local_val' is not defined

同様に、⑥のコメントを外して実行してもエラーになります。test関数の引数helloもローカル変数だからです。

実行結果

NameError: name 'hello' is not defined

このように、関数内で定義した変数を関数外で使用するとエラーになります。スコープについては初心者はとくに間違いやすいので注意しましょう。

関数の内部でグローバル変数を定義したい場合は、関数の先頭部分で次のような global 文を記述します。

```
global 変数名
```

Think! 考えてみよう ?

① 変数の種類と有効範囲について覚えましょう

	: 変数の有効範囲
	: プログラム全体で使用できる変数
	: 関数内部でのみ使用できる変数

↓

スコープ	: 変数の有効範囲
グローバル変数	: プログラム全体で使用できる変数
ローカル変数	: 関数内部でのみ使用できる変数

解説 グローバル変数は関数の外側で定義する変数、ローカル変数は関数の内側で定義する変数です。

関数の内部ではローカル変数が優先される

ローカル変数とグローバル変数に同じ名前を使用することもできます。その場合、**関数の内部ではローカル変数が優先されます。**

local2.py

```
def test():
    greeting = "さようなら"   ①
    print("関数の内部: " + greeting)   ②


greeting = "こんにちは"   ③
test()   ④
print("関数の外部: " + greeting)   ⑤
```

①で関数testのローカル変数greetingに"さようなら"を代入しています。

③では同じ名前のグローバル変数greetingに"こんにちは"を代入しています。

④で関数testを呼び出して、②⑤で変数greetingを表示しています。どちらも同じ変数名ですが、関数の内部の②ではローカル変数greetingが優先されます。外部⑤ではグローバル変数greetingが表示されます。

同名の変数もスコープの外にあるものは別物と見なされる

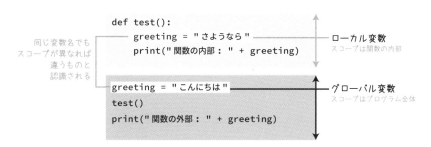

実行結果

関数の内部: さようなら   ②の結果

関数の外部: こんにちは   ⑤の結果

複数の関数で同じ名前のローカル変数を使用してもかまいません。関数ごとに異なる変数と見なされます。

① グローバル変数とローカル変数の名前が同じとき、どのように動作するか確認してみましょう

```
num = 5


def sample():

    num = 3

    print("変数1:" + str(num))


sample()
print("変数2:" + str(num))
```

実行結果

変数1: [ ]   →   変数1: [3]

変数2: [ ]   変数2: [5]

解説 変数1がローカル変数、変数2がグローバル変数です。グローバル変数とローカル変数が同じ名前の場合、関数内ではローカル変数が優先して使われます。ただし、混乱のもとになるので、できる限りグローバル変数とローカル変数は同じ名前にならないように工夫しましょう。

② 複数の関数で同じ名前のローカル変数を使用したとき、どのように動作するか確認してみましょう

```
def sample1():

    num = 3

    print("sample1():" + str(num))


def sample2():

    num = 5

    print("sample2():" + str(num))
```

```
sample1()
```

```
sample2()
```

sample1(): [　　]   →   sample1(): [3]

sample2(): [　　]   sample2(): [5]

解説 複数の関数で同じ名前のローカル変数を使用したとき、変数への変更はほかの関数のローカル変数に影響をおよぼしません。別の変数として扱われるためです。
このように別々の関数内で同じ名前のローカル変数が使われることはよくあります。

キーワード引数を使用する

「キーワード引数について」(P128)で説明したように、**関数を呼び出すときに引数を「引数名=値」のような形式で指定できます。これを「キーワード引数」**と呼びます。

たとえば、これまでなんども使用してきたprint関数は、複数の引数を与えるとスペースで区切って表示します。

```
>>> print("Python", "Java", "C")
Python Java C
```

print関数に「sep="区切り文字"」というキーワード引数を渡すと、指定した区切り文字で区切ることができます。たとえば、" - "で区切るには次のようにします。

```
>>> print("Python", "Java", "C", sep=" - ")
Python - Java - C
```

キーワード引数にはデフォルト値、つまり引数を指定しなかった場合の値を設定できます。 print関数のsepキーワード引数の場合、デフォルト値がスペース「" "」だったので、「sep="区切り文字"」を省略するとスペースで区切られて表示されたわけです。

```
print(175, 168, 180, 170,            )
```

⬇

```
print(175, 168, 180, 170,  sep="," )
```

解説 実行すると「175,168,180,170」と表示されます。

●オリジナルの関数でキーワード引数を使用する●

自分で定義した関数にキーワード引数を使うこともできます。前セクションで定義したdollar_to_yen関数をもう一度見てみましょう。

dollar_to_yen2.py（関数定義部分）

```
def dollar_to_yen(dollar, rate):
    return dollar * rate
```

キーワード引数を指定してこの関数を呼び出すときは、次のように書きます。

dollar_to_yen2.py（関数呼び出し部分）

```
dollar = 3.0
yen = dollar_to_yen(dollar=dollar, rate=110)
```

この例では、最初の引数の「dollar=dollar」は、キーワード引数名とグローバル変数名がどちらも「dollar」ですが、スコープが異なるので問題ありません。

また、すべての引数をキーワード引数で指定した場合に限りますが、引数を入れ替えてもかまいません。次のように、為替レートの引数rateを最初に、ドルの金額の引数dollarを後に記述することもできます。

```
yen = dollar_to_yen(dollar=dollar, rate=110)
yen = dollar_to_yen(rate=110, dollar=dollar)
```

dollarとrateの順序を入れ替えてもOK

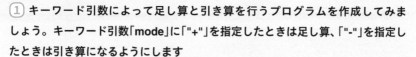

考えてみよう

① キーワード引数によって足し算と引き算を行うプログラムを作成してみましょう。キーワード引数「**mode**」に「"+"」を指定したときは足し算、「"-"」を指定したときは引き算になるようにします

```
def calc(num1, num2, mode):
    ans = 0
    if [          ]:
        ans = num1 + num2
    elif [          ]:
        ans = num1 - num2
    return ans
```

```
def calc(num1, num2, mode):
    ans = 0
    if  mode == "+" :
        ans = num1 + num2
    elif  mode == "-" :
        ans = num1 - num2
    return ans
```

```
print(calc(5, 3, mode="+"))
print(calc(5, 3, mode="-"))
```

```
print(calc(5, 3, mode="+"))
print(calc(5, 3, mode="-"))
```

解説 実行するとひとつめが「5+3」で「8」、ふたつめが「5-3」で「2」と表示されます。

キーワード引数にデフォルト値を設定する

print関数の例からわかるように、**キーワード引数にデフォルト値を設定しておくと、その引数を省略して呼び出すこともできます**。

オリジナル関数でデフォルト値を設定する場合、次のように指定します。

```
def 関数名(引数, ..., 引数=デフォルト値, 引数=デフォルト値)
```

dollar_to_yen関数の定義において、引数rateのデフォルト値を「100」にする例を見てみましょう。

dollar_to_yen3（関数定義部分）

```
def dollar_to_yen(dollar, rate=100):
    return dollar * rate
```

こうすると、2番目の引数rateを指定しないで呼び出した場合には、デフォルト値として「100」が使用されます。

dollar_to_yen3（関数呼び出し部分）

```
dollar = 3.0
yen = dollar_to_yen(dollar, rate=110)    ①
print(f"{dollar}ドル -> {yen}円")    ②


dollar = 5.0
yen = dollar_to_yen(dollar)    ③
print(f"{dollar}ドル -> {yen}円")    ④
```

　①で引数rateを指定してdollar_to_yen関数を呼び出しています。③では引数rateを指定しないで呼び出しているため、デフォルト値として「100」が使用されます。

実行結果

```
3.0ドル -> 330.0円    ②の結果
5.0ドル -> 500.0円    ④の結果
```

> デフォルト値を持つ引数は、通常の引数の後ろにおく必要があります。
> 次のように最初の引数にデフォルト値を指定することはできません。
>
> ```
> × def dollar_to_yen(rate=100, dollar):
> ```

① 関数calcのキーワード引数「mode」のデフォルト値を「"+"」にしてみましょう

```python
def calc(num1, num2, [          ]):
    ans = 0
    if mode == "+":
        ans = num1 + num2
    elif mode == "-":
        ans = num1 - num2
    return ans


print(calc(8, 6))
```

⬇

```python
def calc(num1, num2, mode="+"):
    ans = 0
    if mode == "+":
        ans = num1 + num2
    elif mode == "-":
        ans = num1 - num2
    return ans


print(calc(8, 6))
```

解説 キーワード引数をデフォルト値で処理させる場合は、関数呼び出し時にキーワード引数を指定する必要がありません。実行すると「14」と表示されます。

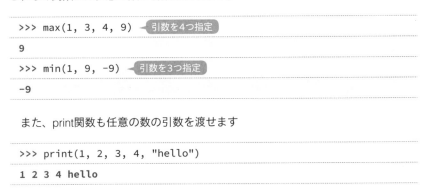

② 先ほどの関数calcを引き算で呼び出してみましょう

```
print(calc(8, 6,        ))
```
➡
```
print(calc(8, 6,  "-" ))
```

解説 関数呼び出し時にキーワード引数を指定することによって、デフォルト値を変更することができます。実行すると「2」と表示されます。

任意の数の引数を受け取る

関数によっては**任意の数の引数を受け取れるもの**があります。たとえば、引数の中で最大値を求める組み込み関数のmax、最小値を求める関数のminがあります。これらの関数には任意の数の引数を渡せます。

```
>>> max(1, 3, 4, 9)   ◀ 引数を4つ指定
9
>>> min(1, 9, -9)   ◀ 引数を3つ指定
-9
```

また、print関数も任意の数の引数を渡せます

```
>>> print(1, 2, 3, 4, "hello")
1 2 3 4 hello
```

● ユーザー定義の関数で任意の数の引数を受け取るには ●

もちろん、**ユーザー定義関数でも任意の数の引数を受け取れるようにすることができます。**それには関数定義で、**引数名の前に「*」を記述**します。

```
def 関数名(*引数名):
    処理
```

これを「**可変長引数**」と呼びます。なお、関数内では**可変長引数はタプル**(P223)として扱います。タプルは変更のできないリストです。

次の例は、任意の数の数値を引数として受け取り、引数の中で偶数のみを表示するshow_even関数の作成例です。

Chapter 8

```
show_even1.py
```

```python
def show_even(*val):
    for v in val:
        if v % 2 == 0:
            print(v)

show_even(1, 9, 3, 2, 16)       ⑤
```

①でshow_even関数を定義しています。**引数valの前に「*」を記述して可変長引数にしています。**引数valはタプルとして渡されるので、②のfor文で値をひとつずつ取り出しています。

偶数かどうかは、2で割ったあまりが0であるかどうかでわかります。③のif文の条件では%演算子 (P57参照) を使用して「v % 2 == 0」とし、偶数であれば④で表示しています。

⑤で、show_even関数を適当な引数を与えて呼び出しています。実行して、引数の中で偶数のみが表示されることを確認しましょう。

```
実行結果
```

```
2
16
```

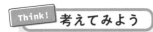

考えてみよう

① 任意の数の数値を引数として受け取り、すべて加算した結果を返す関数 **add_all**を作成してみましょう

```
def add_all(          ):
    ans = 0
    for num in nums:
        ans += num
    return ans

print(add_all(5, 8, 2, -9, 11, 4, 7))
```

↓

```
def add_all(  *nums  ):
    ans = 0
    for num in nums:
        ans += num
    return ans

print(add_all(5, 8, 2, -9, 11, 4, 7))
```

解説 可変長引数「nums」をfor文によって値をひとつずつ取り出し、ansに加算していくことで、すべての引数の総和を算出しています。実行すると「28」と表示されます。

プログラムを
つくってみよう

ここでは、Chapter8までに学んできたことを踏まえて、Pythonでじゃんけんゲームを作成してみましょう。実際にプログラムをつくる流れがわかるように、ステップ・バイ・ステップで解説していきます。

プログラムを書き始める

プログラムを書き始めるときは、まずプログラムの目的を決め、どのような処理の流れにするか考える必要があります。それが決まったら、プログラムを組み立てていきましょう。

```
じゃんけん：0: グー , 1: チョキ , 2: パー ? 1
あなた：チョキ、コンピューター：チョキ
あいこ
```

Shell で動作する
じゃんけんゲームを作成

プログラムの目的を決める

最初に**プログラムの目的を決めます**。ここでは、**Python Shell上で動くじゃんけんゲーム**をつくりましょう。コンピューターとの1回勝負です。

プログラムを実行したら、ユーザーがじゃんけんの手を入力できるようにします。ここでは、**グーを0、チョキを1、パーを2**と、数字でユーザーに入力してもらうことにします。

じゃんけんの手を数字にわりあてる

入力する数字	じゃんけん
0	グー
1	チョキ
2	パー

起動時の表示

じゃんけん：0: グー , 1: チョキ , 2: パー ?

コンピューターが「グー」を出すか、「チョキ」を出すか、「パー」を出すかは、**ユーザーが数値を入力する前にランダムに決めておきます**。

ユーザーが入力したじゃんけんの手と、プログラムで決めたじゃんけんの手を比較して、ユーザーが勝利していれば「勝ち！」、あいこだったら「あいこ」、ユーザーが負けたら「負け」と表示します。

ユーザーが「0」を入力した場合の例

あなた：グー、コンピューター：チョキ
勝ち！

プログラムは次のような流れになります。

じゃんけんプログラムの流れ

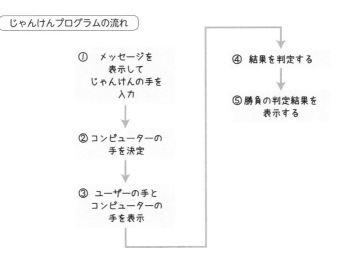

① メッセージを
表示して
じゃんけんの手を
入力

② コンピューターの
手を決定

③ ユーザーの手と
コンピューターの
手を表示

④ 結果を判定する

⑤ 勝負の判定結果を
表示する

それでは、①～⑤のステップごとに、プログラムを組み立てていきましょう。

ステップ①：メッセージを表示してじゃんけんの手を入力

じゃんけんには3種類の手（グー、チョキ、パー）があります。人間にとってはそれぞれの名前は直感的ですが、コンピューターにとっては数字のほうが好都合です。そこで、0＝グー、1＝チョキ、2＝パーのように、それぞれの手に数字を割り当てることにします。

ユーザーにじゃんけんの手を入力してもらうためには、**ユーザーのキーボードからの入力を受け付ける必要があります**。このときに利用するは、**input関数**でしたね（P90参照）。input関数の戻り値は文字列なので、**コンピューターの値と比較するため整数に変換する必要があります**。

janken1.py

```
s = input("じゃんけん：0:グー，1:チョキ，2:パー ? ") ①
you = int(s) ②
print(f"あなた:{you}") ③
```

①で**input関数を利用して、ユーザーが手を入力できるようにします**。入力を促す文字列（プロンプト）をinput関数の引数として表示しています。

②では**読み込んだ文字列をint関数を使って整数に変換**し、変数youに格納します。③でユーザーが入力した手を表示しています。

実行結果

じゃんけん：0:グー，1:チョキ，2:パー ? 1 Enter
あなた:1

ステップ②：コンピューターの手を決定

コンピューターの手は、**実行するたびに違う手を選択するために乱数を利用します**。Pythonで乱数を生成する方法はいくつかありますが、今回はP143で説明した**randomモジュール**を使用します。

janken2.py

```
import random ①
s = input("じゃんけん：0:グー，1:チョキ，2:パー ? ")
you = int(s)
pc = random.randint(0, 2) ②
print(f"あなた:{you}、コンピューター:{pc}") ③
```

乱数を生成するために、①で**randomモジュール**をインポートします。②で**randint関数を使用して乱数を取得**します。引数に「**0, 2**」を指定することで、**0〜2の整数の乱数が生成**できます。この乱数を変数pcに格納します。③でコンピューターの手も表示しています。

実際にプログラムを起動して動作を確認してみます。次のように表示されます。

実行結果

じゃんけん：0:グー，1:チョキ，2:パー ? 1 [Enter]
あなた:1、コンピューター:2

ここでは「2」が表示されています。起動するたびに数字が変わるので、確かめて
みましょう。

ステップ③：ユーザーの手とコンピューターの手を表示

勝ち負けの判定をする前に、ユーザーとコンピューターのじゃんけんの手を表示
しています。ただし、現状のような表示ではユーザーには勝ち負けがよくわかりま
せん。

あなた:1、コンピューター:2

この場合は、次のように表示したほうがわかりやすいでしょう。

あなた:パー、コンピューター:チョキ

つまり、**数値をグー、チョキ、パーという文字列に変換して表示する**必要があり
ます。数値と文字列の対応は固定されており、内容を書き換える必要はありません。
このような場合は**タプル**と**添え字**を使うといいでしょう。次のようなタプルjanken
を定義します。

```
janken = ("グー", "チョキ", "パー")
```

この**タプルにじゃんけんの手の数値を添え字に使う**ことで、じゃんけんの数値を
文字列に置き換えます。コンピューターの手の数値は変数pc、ユーザーの手の数値
は変数youに格納されているので、次のようなprint文で表示できます。

```
print(f"あなた:{janken[you]}、コンピューター:{janken[pc]}");
```

この2つの文を組み込んだここまでのプログラムは次のようになります。

```
janken3.py
```

```
import random
s = input("じゃんけん：0:グー，1:チョキ，2:パー ？ ")
you = int(s)
pc = random.randint(0, 2)
janken = ("グー", "チョキ", "パー")
print(f"あなた:{janken[you]}、コンピューター:{janken[pc]}")
```

　ここまでのプログラムを実行してみると、次のようになります。ここでは「2」を入力してみました。

```
実行結果
```

```
じゃんけん：0:グー，1:チョキ，2:パー ？ 2  Enter
あなた：パー、コンピューター：グー
```

　自分の手とコンピューターの手がグー、チョキ、パーで表示されます。このじゃんけんはユーザーの勝ちですが、それをまだ表示することはできません。次に勝ち負けの判定を見ていきましょう。

ステップ④：結果を判定する

　ユーザーの入力した手とコンピューターの手を比較して、じゃんけんの勝負を判定します。そのためにはどのような処理が必要か、考えてみましょう。

　じゃんけんのルールは、グーを出した時に相手がチョキなら勝ち、パーなら負け、グーならあいこといったものです。図にすると右のようになります。

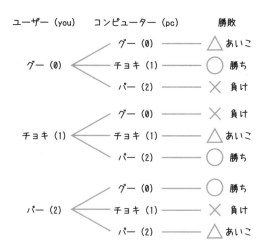

この場合、自分と相手の数値が同じであれば「あいこ」と判定できますが、自分より数値が大きければ勝ち、といったような一律の判定はそのままではできません。**ここではまず、この図をそのままif文の条件として表現してプログラムしてみましょう**。

●ユーザーの手での条件分岐●

まず、**ユーザーの手での条件分岐をif文でつくります**。ユーザーの手の数値は変数youに格納されていますから、次のようになります。

ユーザーの手の条件分岐

```
if you == 0:
    # ユーザーが 0（グー）の場合の処理
elif you == 1:
    # ユーザーが 1（チョキ）の場合の処理
else:
    # ユーザーが 2（パー）の場合の処理
```

これで、ユーザーの手がグーの場合、チョキの場合、パーの場合で処理を変えることができます。

●コンピューターの手の条件分岐を追加する●

次に、コンピューターの手の条件分岐を追加します。先ほどの図のように、**ユーザーの手の判定の中にコンピューターの手の条件分岐を入れていきます**。

ユーザーの手とコンピューターの手を組み合わせた条件分岐

```
if you == 0:   ◀ ユーザーが0（グー）
    if pc == 0:
        # PCが0（グー）＝あいこの処理
    elif pc == 1:
        # PCが1（チョキ）＝勝ちの処理
    else:
        # PCが2（パー）＝負けの処理
elif you == 1:   ◀ ユーザーが1（チョキ）
```

```
    if pc == 0:
        # PCが0（グー）＝負けの処理
    elif pc == 1:
        # PCが1（チョキ）＝あいこの処理
    else:
        # PCが2（パー）＝勝ちの処理
else:    ← ユーザーが2（パー）
    if pc == 0:
        # PCが0（グー）＝勝ちの処理
    elif you == 1:
        # PCが1（チョキ）＝負けの処理
    else:
        # PCが2（パー）＝あいこの処理
```

　多少原始的ではありますが、じゃんけんの勝ち負けの判定ができました。if文を9つも書くのはすこし不効率に見えますよね。より効率的な勝ち負けの判定方法については後述しますので、ひとまずこのプログラムで進めていきます。

ステップ⑤：勝負の判定結果を表示する

　最後に勝負の判定結果を表示します。これは簡単です。先ほどのif文の処理の中で、勝ちの場合は「勝ち！」、負けの場合は「負け」、あいこの場合は「あいこ」とprint関数で表示する処理を追加するだけです。
　全体のプログラムは次のようになります。

janken4.py

```
import random
s = input("じゃんけん：0:グー, 1:チョキ, 2:パー ? ")
you = int(s)
pc = random.randint(0, 2)
janken = ("グー", "チョキ", "パー")
print(f"あなた:{janken[you]}、コンピューター:{janken[pc]}")
```

```
if you == 0:
    if pc == 0:
        print("あいこ")
    elif pc == 1:
        print("勝ち！")
    else:
        print("負け")
elif you == 1:
    if pc == 0:
        print("負け")
    elif pc == 1:
        print("あいこ")
    else:
        print("勝ち！")
else:
    if pc == 0:
        print("勝ち！")
    elif pc == 1:
        print("負け")
    else:
        print("あいこ")
```

　これでじゃんけんプログラムが完成です。実行すると、次のように表示されました。ここではチョキの「1」を入力しています。

じゃんけん：0:グー，1:チョキ，2:パー ？ 1 [Enter]
あなた：チョキ、コンピューター：チョキ
あいこ

　今回はコンピューターの手と同じだったので、「あいこ」と表示されています。

　しかし、**このプログラムはif文が9つもあり、すこし冗長です。**もう少しすっきりさせる方法を次セクションで紹介します。

プログラムを改善する

プログラムに機能を追加したり、もっと効率のよい書き方を考えたりと、さまざまな改善を加えていくことで、プログラミング力は格段にアップします。

**10 回対戦して
対戦成績を表示**

```
10 回戦
じゃんけん：0：グー ，1：チョキ ，2：パー ？ 1
あなた：チョキ、コンピューター：パー
勝ち！
対戦成績：4 勝、4 負、2 分け
```

**繰り返し対戦して e を入力したら終了
不正入力にも対応**

```
じゃんけん：0：グー ，1：チョキ ，2：パー ，e：終了 ？ 3
入力値が不正です
じゃんけん：0：グー ，1：チョキ ，2：パー ，e：終了 ？ e
対戦成績：4 勝、2 負、2 分け
```

効率の良い書き方を考えてみる

前セクションでいったんプログラムは完成しました。しかし、**9通りをif文で網羅する方法は冗長です**。もう少しすっきりできないか考えてみましょう。

まず、じゃんけんの手の組み合わせを整理してみます。じゃんけんの手のすべての組み合わせで、それぞれの手を比較するために引き算を行ったものが次の図です。

（ じゃんけんの組み合わせ ）

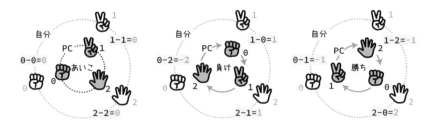

外側が自分、内側がコンピューターの手です

コンピューターの手は変数pcで、自分の手は変数youで管理しています。

```
you - pc
```

計算結果は-2, -1, 0, 1, 2のどれかになりますが、先ほどの図から**右のような規則性があることがわかります。**

この結果を利用してプログラムを書き直してみましょう。ここでは変数winloseに「you - pc」の結果を格納し、winloseが0の場合は「あいこ」、-2または1の場合は「負け」、それ以外なら「勝ち」という形でif〜else文を書いています。

winlose で勝敗判定をしたプログラム（janken5.py）

```
import random
s = input("じゃんけん：0:グー, 1:チョキ, 2:パー ? ")
you = int(s)
pc = random.randint(0, 2)
janken = ("グー", "チョキ", "パー")
print(f"あなた:{janken[you]}、コンピューター:{janken[pc]}")


winlose = you - pc
if winlose == 0:
    print("あいこ")
elif winlose == 1 or winlose == -2:
    print("負け")
else:
    print("勝ち！")
```

P280のプログラムに比べてだいぶシンプルになりました。さらにシンプルにできないか、もうすこし考えてみましょう。

● 剰余演算子を使う ●

you － pcの結果を並べた際、「負け→勝ち→あいこ→負け→勝ち」と順序に規則性があります。**このように順序に規則性があるときは剰余演算子の%を使うと、プログラムをシンプルに記述できます。**

まず、剰余演算子を使った演算は正の値にしたほうがわかりやすいため、「you － pc + 3」と3を足してすべてを正の値にします。

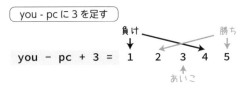

そしてこれらの数字を、「負け→勝ち→あいこ」の繰り返しの周期である3で割ったあまりを見てみましょう。

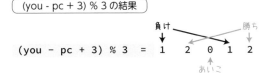

負けの場合は1、勝ちの場合は2、あいこの場合は0と、それぞれのケースをひとつの数字にまとめられました。ということは、次のような条件で勝敗が判定できることになります。

（剰余演算子を利用した勝敗判定）

```
winlose = (you - pc + 3) % 3
if winlose == 0:
    あいこの処理
if winlose == 1:
    負けの処理
if winlose == 2:
    勝ちの処理
```

この処理で問題がないかを確認するため、すべての組み合わせの結果を書き出してみましょう。

自分(you)	コンピューター(pc)	式	計算結果	勝敗
グー:0	グー:0	(0 - 0 + 3) % 3	0	あいこ
	チョキ:1	(0 - 1 + 3) % 3	2	勝ち
	パー:2	(0 - 2 + 3) % 3	1	負け
チョキ:1	グー:0	(1 - 0 + 3) % 3	1	負け
	チョキ:1	(1 - 1 + 3) % 3	0	あいこ
	パー:2	(1 - 2 + 3) % 3	2	勝ち
パー:2	グー:0	(2 - 0 + 3) % 3	2	勝ち
	チョキ:1	(2 - 1 + 3) % 3	1	負け
	パー:2	(2 - 2 + 3) % 3	0	あいこ

すべての箇所で勝ちが2、負けが1、あいこが0になっているので、問題ありませんね。この式を使って先ほどのプログラムを書き直してみましょう。

剰余演算子で勝敗判定をしたプログラム（janken6.py）

```python
import random
s = input("じゃんけん：0:グー, 1:チョキ, 2:パー ? ")
you = int(s)
pc = random.randint(0, 2)
janken = ("グー", "チョキ", "パー")
print(f"あなた:{janken[you]}、コンピューター:{janken[pc]}")


winlose = (you - pc + 3) % 3
if winlose == 0:
    print("あいこ")
elif winlose == 1:
    print("負け")
else:
    print("勝ち！")
```

if文を使って9通りの場合分けを処理したプログラムと比較すると、**プログラムがシンプルになったことが実感できると思います**。このようにアルゴリズムを工夫することもプログラミングの醍醐味のひとつです。いろいろと工夫してみましょう。きっと何らかの発見があるはずです。

10回勝負を行って最後に対戦結果を表示する

さらにプログラムの処理に手を加えてみましょう。これまでは1回勝負でしたが、**今度は10回勝負**にします。

```
8回戦 ◀ 対戦ごとに何回戦目か表示
じゃんけん：0:グー，1:チョキ，2:パー ？
```

10回勝負のループにはfor文を使用します。また、10回勝負が終わったら、最後に以下のように対戦結果を表示しましょう。

```
対戦成績：4勝、5敗、1分け
```

プログラムは次のようになります。 ◻️ の部分を埋めてみましょう。

◖ 10 回勝負のプログラム（janken7.py）

```python
import random

win, lose, even = 0, 0, 0    ◀ 勝ち・負け・あいこの数を格納

for ◻️ :

    print(f"\n{i}回戦")    ◀「(改行)○回戦」と表示

    s = input("じゃんけん：0:グー，1:チョキ，2:パー ？ ")

    you = int(s)

    pc = random.randint(0, 2)

    janken = ("グー", "チョキ", "パー")

    print(f"あなた:{janken[you]}、コンピューター:{janken[pc]}")


    winlose = (you - pc + 3) % 3

    if winlose == 0:

        ◻️ += 1

        print("あいこ")

    elif winlose == 1:
```

```
                    [          ] += 1
        print("負け")

    else:
                    [          ] += 1
        print("勝ち！")


print(f"対戦成績：{          }勝、{          }負、{          }分け")
```

⬇

```
import random
win, lose, even = 0, 0, 0
for [ i in range(1, 11) ]:
    print(f"\n{i}回戦")
    s = input("じゃんけん：0:グー, 1:チョキ, 2:パー ? ")
    you = int(s)
    pc = random.randint(0, 2)
    janken = ("グー", "チョキ", "パー")
    print(f"あなた:{janken[you]}、コンピューター:{janken[pc]}")


    winlose = (you - pc + 3) % 3
    if winlose == 0:
        [ even ] += 1
        print("あいこ")
    elif winlose == 1:
        [ lose ] += 1
        print("負け")
    else:
        [ win ] += 1
```

```
        print("勝ち！")
```

```
print(f"対戦成績：{  win  }勝、{  lose  }負、{  even  }分け")
```

for文は「**事前に何回繰り返すか決まっている場合**」に適しています。勝敗の結果を3つの変数（win:勝ち、lose:負け、even:あいこ）を使って管理しています。

　勝敗を判定するときに、それらの変数を1増やし、最後に対戦結果を表示しています。

ずっとじゃんけんを繰り返し、不正入力にも対応する

　今度はwhile文を使って、**何度も繰り返しじゃんけんができる**ようにしましょう。また、**不正な入力があってもじゃんけんを継続できる**ようにします。

　まず、最初の表示を以下のように修正します

```
じゃんけん：0:グー，1:チョキ，2:パー，e:終了 ？
```

　ユーザーが"e"と入力して終了するまで対戦を繰り返すようにしましょう。似た形のプログラムを見たことがありますね。P205で紹介した「dollar_to_yen_while1.py」です。ここで学んだwhileの無限ループとtry〜except文を組み込めばよいでしょう。

　プログラムは次のようになります。[   ]の部分を埋めてみましょう。

じゃんけん継続と不正入力に対応したプログラム（janken8.py）

```
import random
win, lose, even = 0, 0, 0
while [        ] :  ◀━ 無限ループにする
    pc = random.randint(0, 2)
    s = input("じゃんけん：0:グー，1:チョキ，2:パー，e:終了 ？ ")
    if [            ] :  ◀━ "e"が入力されたら終了
        break
```

```
you = -1          youを-1に初期化
try:
    you = int(s)      入力値を整数に変換
    [          ] :      例外をキャッチ
        pass      何もしない

if you < [   ] or you > [   ] :
    print("入力値が不正です")
    [                    ]


janken = ("グー", "チョキ", "パー")
print(f"あなた:{janken[you]}、コンピューター:{janken[pc]}")


winlose = (you - pc + 3) % 3
if winlose == 0:
    even += 1
    print("あいこ")
elif winlose == 1:
    lose += 1
    print("負け")
else:
    win += 1
    print("勝ち！")


print(f"対戦成績：{win}勝、{lose}負、{even}分け")
```

```python
import random
win, lose, even = 0, 0, 0
while  True :
    pc = random.randint(0, 2)
    s = input("じゃんけん：0:グー, 1:チョキ, 2:パー, e:終了 ? ")
    if  s == "e" :
        break

    you = -1
    try:
        you = int(s)
    except :
        pass

    if you <  0  or you >  2 :
        print("入力値が不正です")
        continue

    janken = ("グー", "チョキ", "パー")
    print(f"あなた:{janken[you]}、コンピューター:{janken[pc]}")

    winlose = (you - pc + 3) % 3
    if winlose == 0:
        even += 1
        print("あいこ")
    elif winlose == 1:
        lose += 1
```

```
        print("負け")
    else:
        win += 1
        print("勝ち！")


print(f"対戦成績：{win}勝、{lose}負、{even}分け")
```

while文は「事前に何回繰り返すか決まっていない場合」に適しています。入力をうけとったら、まずその値が"e"と等しいか比較します。

次に、入力をintクラスのコンストラクタを使い整数値に変換します。

●不正な入力のエラーの処理●

ユーザーが数値を入力してくれるとは限りません。もしかすると範囲外の数値を入力するかもしれません。そのような場合に対応できるように、変換処理を**try〜except**で囲みます。

変数youは-1で初期化してあります。**正しく数値が入力した場合にはその値がyouに代入されます。**

数値でない値が入力された場合、例外がスローされます。ただし、ここでは例外でプログラムの実行が止まらなければいいので、なにも処理をする必要がありません。このようなときに、**Pythonでは「pass」と書きます。**youは初期値通りの-1のままとなります。

なお、なにもしない場合にpassと書かず、次のように続けてexcept同じインデントでif文を続けると、インデントのエラーが発生します。

```
    you = -1
    try:
        you = int(s)
    except:
```
◀ なにも書かない
```
    if you < 0 or you > 2:
```
◀ インデントのエラーになる

次にif文を使ってyouの値が0～2の範囲に含まれているかどうかを調べ、含まれて
いなければ「入力値が不正です」とメッセージを表示します。「3」以上の数値の場合は
もちろん、**e以外の文字が入力された場合もyouが-1のまま**なので、この処理で同
じメッセージを表示できます。

メッセージを表示したらcontinue文を使い、while文の先頭に戻っています。

＊

これで、じゃんけんプログラムの作成は終了です。このほかにも、勝率を計算し
たり、あいこの場合のみじゃんけんを繰り返すなど、さまざまなバリエーションが
考えられます。なにか思いついたら自分で処理を考えてプログラムに組み込んでい
くと、プログラミング力がみるみる上昇していくはずです。

293

著者紹介

Chapter1〜8執筆

大津 真(おおつ・まこと)

東京都生まれ。早稲田大学理工学部卒業後、外資系コンピューターメーカーにSE
として8年間勤務。現在はフリーランスのテクニカルライター。また、自身のユニッ
ト「Giulietta Machine」で音楽活動も行い、これまでCDを4枚リリース。レコーディ
ングエンジニアとしてCM、映画音楽、他アーティストCDの録音、ミックスも多
数手がけている。主な著書に『基礎Python』(インプレス)、『いちばんやさしい
Vue.js 入門教室』(ソーテック社)、『3ステップでしっかり学ぶJavaScript入門』(技
術評論社)などがある。

[Webサイト] http://www.o2-m.com/wordpress2/
[Twitter] @makotoo2
[Facebook] https://www.facebook.com/makoto.otsu

Chapter9執筆

田中賢一郎(たなか・けんいちろう)

慶應義塾大学理工学部修了。キヤノン株式会社に入社後、TVチームの開発者とし
てマイクロソフトデベロップメント株式会社へ。Windows、Xbox、Office 365な
どの開発・マネージ・サポートに携わる。2016年に中小企業診断士登録後、「プ
ログラミング教育を通して一人ひとりの可能性をひろげる」という理念のもと、
実践的なプログラミングスクールFuture Codersを運営。キヤノン電子株式会社
顧問。趣味はジャズピアノ演奏。
主な著書に『ゲームを作りながら楽しく学べるPythonプログラミング』(インプレ
スR&D)、『ゲームを作りながら楽しく学べるHTML5+CSS+JavaScriptプログラミ
ング』(インプレスR&D)、『ゲームで学ぶJavaScript入門 HTML5&CSSも身につ
く!』(インプレス)などがある。

[Webサイト] future-coders.net

あなうめ問題執筆

馬場貴之(ばば・たかゆき)

筑波大学大学院システム情報工学研究科修了。パイオニア株式会社に入社し、オー
ディオ機器の開発に従事。組込ソフトウェア開発をメインにネットワークオー
ディオ、スマホアプリ、webアプリなど多数の機器開発に携わる。転職後、ソフ
トウェア開発プロセス改善の啓蒙活動に携わり、プログラミング教育に興味を持
つ。2019年からFuture Coders (http://future-coders.net)にjoin。趣味はギター演奏・
ロードバイク・園芸。著書に『あなうめ式Javaプログラミング超入門』(MdN)が
ある。

●制作スタッフ

[装丁]　　　　　　小川 純(オガワデザイン)
[本文デザイン・DTP]　加藤万琴

[編集長]　　　　　後藤憲司
[担当編集]　　　　後藤孝太郎

あなうめ式Pythonプログラミング超入門

2020年6月1日　　　初版第1刷発行

著者　　　　　大津 真、田中賢一郎、馬場貴之

発行人　　　　山口康夫

発行　　　　　株式会社エムディエヌコーポレーション
　　　　　　　〒101-0051　東京都千代田区神田神保町一丁目105番地
　　　　　　　https://books.MdN.co.jp/

発売　　　　　株式会社インプレス
　　　　　　　〒101-0051　東京都千代田区神田神保町一丁目105番地

印刷・製本　　中央精版印刷株式会社

Printed in Japan
©2020 Makoto Otsu, Kenichiro Tanaka, Takayuki Baba. All rights reserved.

本書は、著作権法上の保護を受けています。著作権者および株式会社エムディエヌコーポレーションとの書面による
事前の同意なしに、本書の一部あるいは全部を無断で複写・複製、転記・転載することは禁止されています。

定価はカバーに表示してあります。

【カスタマーセンター】
造本には万全を期しておりますが、万一、落丁・乱丁などがございましたら、送料小社負担にて
お取り替えいたします。お手数ですが、カスタマーセンターまでご返送ください。

[落丁・乱丁本などのご返送先]
〒101-0051　東京都千代田区神田神保町一丁目105番地
株式会社エムディエヌコーポレーション カスタマーセンター　TEL：03-4334-2915

[書店・販売店のご注文受付]
株式会社インプレス　受注センター　TEL：048-449-8040／FAX：048-449-8041

【 内容に関するお問い合わせ先 】
株式会社エムディエヌコーポレーション カスタマーセンター メール窓口

info@MdN.co.jp

本書の内容に関するご質問は、Eメールのみの受付となります。メールの件名は「あなうめ式Pythonプログ
ラミング超入門　質問係」、本文にはお使いのマシン環境(OS、Pythonのバージョン)をお書き添えください。
電話やFAX、郵便でのご質問にはお答えできません。ご質問の内容によりましては、しばらくお時間をいた
だく場合がございます。また、本書の範囲を超えるご質問に関しましてはお答えいたしかねますので、あら
かじめご了承ください。

ISBN978-4-8443-6959-2 C3055